阅读成就思想……

Read to Achieve

Rethinking
The Internet Of Things
A Scalable Approach to Connecting Everything

重构物联网的未来

探索智联万物新模式

〔美〕弗朗西斯·达科斯塔（Francis daCosta） 著

周毅 译

中国人民大学出版社
·北京·

互联网三层架构示意图

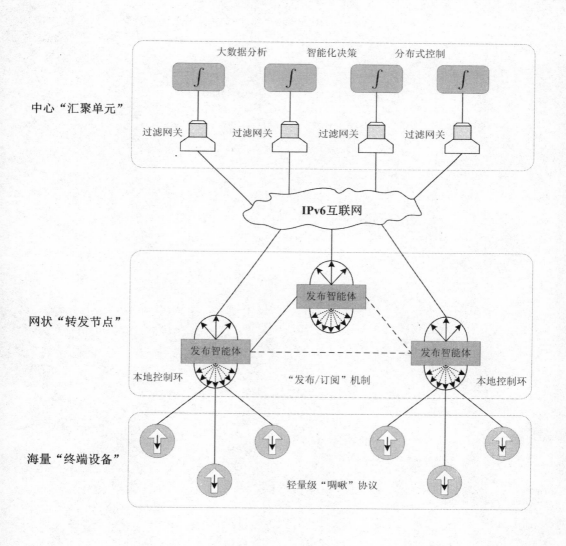

中心"汇聚单元"

大数据分析　　智能化决策　　分布式控制

过滤网关　　过滤网关　　过滤网关　　过滤网关

IPv6互联网

网状"转发节点"

发布智能体

发布智能体　　　　　　发布智能体

本地控制环　　　　"发布/订阅"机制　　　　本地控制环

海量"终端设备"

轻量级"啁啾"协议

译者序

物联网时代的到来，让我们对整个世界充满了幻想，仿佛一切事物都获得了新生，物联网再一次唤醒了地球。我们可以去聆听海底的声音，去探索深山的秘密，去寻觅城市的轨迹，去感受植物的细腻，去体会信息的魅力……物联网的无所不能，让我们不得不感叹人类的智慧：交通智能化、医疗智能化、建筑智能化、家居智能化、生产智能化……"智能"无处不在，"网络"无处不在。

然而，我们并没有停止前进的脚步，我们不断追求更高境界的互联，创造更大程度的智能。物联网的火种传递到世界的各个领域，照亮了每一个角落，网络的边缘开始活跃起来，边缘的终端也开始极速生长。面对这种爆炸式的规模，我们渴望做到完美掌控，却又深感海量数据风暴的压力；我们尝试让每一个终端更加智能化，从而可以与其"对话"，却又难以在成本与效率之间寻求平衡。我们不得不去思考，如今的互联网模式到底该如何才能发挥到极致，物联网的未来又该何去何从？

本书作者弗朗西斯·达科斯塔尝试从一种新的角度去分析物联网的潜能，通过一种可进化的三层有机架构对物联网进行更深层的剖析。初看此书时，作者独特的分析思路深深地吸引了我，他将自然生态发展与物联网规划融合在一起，将最朴实的自然规律演变为最前沿的信息科技，将物理现象与信息处理完美地结合在一起，其本质又回到物联网的根源，即"信息物理融合系统"（Cyber-Physical Systems，CPS）。

达科斯塔在传统互联网的基础上，构建了更具实战意义的"三层"物联网架构，该架构为传统互联网向下一代物联网的过渡指明了方向：1. 物联网边缘的海量"终端设备"在最底层形成了强大的数据源，一种轻量级的"啁啾"网络协议用来兼顾成本与效率的平衡；2. 物联网中间层的"转发节点"网络架起了沟通的桥梁，实现了底层与顶层的高效转换和隔离，并通过本地控制环和分布式智能体解决了海量设备的有效管理与实时控制问题；3. 转发节点将各种"啁啾"业务整理封装成小数据流，通过传统IP网络传输到顶层的"汇聚单元"，其强大的处理能力和大数据分析能力将有价值的信息提取出来，用于进一步的智能化决策与控制。

本书的看点在于，作者并没有使用大量专业性很强的篇幅来阐述这种新的物联网架构和技术，而是通过更贴近于生活的自然现象和生动案例，对物联网架构进行重新思考，挖掘物联网可能为社会发展带来的价值和潜力，将物联网未来的技术发展趋势演绎得淋漓尽致。例如，本书最重要的"啁啾"网络协议源自鸟类通过啁啾相互交流的自然现象，"啁啾"本身所携带的"自分类机制"使得海量终端设备的管理成为可能；通过植物花粉传播的自然规律，本书提出了"面向接收者"的通信机制，并利用"发布/订阅"模型构建"信息社区"，从而为海量数据的信息提取与分析决策提供了保障。

达科斯塔在网络、控制、通信等领域所积累的多年项目经验，正是本书成功的关键所在。本人尽其所能展现原文的精彩内容，唯恐不能完全重现作者的深层思想，在翻译过程中难免存在纰漏，欢迎广大读者批评指正。

在此，感谢同济大学刘富强教授在本书翻译中给予的关注和指导，同时感谢李会萍、李伟、侯彦东、王俊等人在翻译中给予的帮助。

RETHINKING THE
INTERNET OF THINGS | A Scalable Approach to
Connecting Everything

推荐序一

随着物联网机器与机器交互的兴起，新型应用将要求网络架构进行渐进性的变革。传统网络的建立通常作为企业的核心，形成一种星型拓扑结构，从边缘设备到中心服务器需要执行往返通信。互联网正是类似的设计，围绕网络中心的信息资源，与网络边缘的人们实现互联。

然而，机器与人有着本质区别，也必然存在不同的通信需求。机器的实时运行更加独立，而且其行为会立即对物理世界产生影响。对本地行为的反馈与控制是保证其最高性能及安全的关键所在。与传统端到端互联网不同，物联网必须建立确定性的本地控制环，从而确保可靠稳定的业务流程。

机器通信在实时响应、确定性以及安全性这三个方面存在着不同的需求。所有这些都对组网提出了新要求，即机器附近的闭环控制回路（减少时延）、低成本数据传输（考虑机器规模的飞速发展）和通信隔离（减少干扰并提高安全性）。

随着设备数量及应用类型的不断剧增，梅特卡夫定律（Metcalfe's

Law）① 根据新机器数量及其所产生的数据量将呈现爆炸式增长。当前的网络协议可以胜任面向应用的人类业务，然而，为了与物联网日益发展的节奏相匹配，唯一的技术途径就是采用不同的机器数据流管理方式。

这本书阐述了为物联网而设计的一种重要方法，该方法使得从即将出现的海量新数据源中提取环境感知信息成为可能。这种新的思路发现了M2M 网络的不同需求，从而提出了一种可进化的三层架构，能够为下一代互联网建设提供支撑。

弗朗西斯·达科斯塔具备开发这种新的物联网架构的独特资格。他能够在自主机器人、嵌入式系统、大数据分析和无线组网领域的多元化背景下，更好地站在各种不同技术的中心层面，将这些技术有机融合，以解决物联网所存在的问题。当弗朗西斯谈及通信领域、数据流的隔离、决定论、安全性和控制环等问题时，我清晰地看到他正在用一种创新性、颠覆性的方法进行一场网络世界的变革。这种新的物联网架构为解决机器规模化扩展的问题提供了急需的工具，从而将物理世界与数字世界有机地联系在一起。

阿洛克·巴特拉（Alok Batra）

MQIdentity 公司总裁

通用全球软件中心工业物联网平台前技术总监和首席架构师

---

① 梅特卡夫定律是一种网络技术发展规律，常与摩尔定律相提并论，表示网络的价值与网络规模（用户数量）的平方成正比。该定律由 3Com 公司创始人罗伯特·梅特卡夫（Robert Metcalfe）制定。——译者注

推荐序二

互联网实现了全世界人和人之间的沟通连接，而物联网则使得全世界万物之间以及万物和人之间都得到沟通连接，我们的生活以及我们生活的环境都会因此而发生翻天覆地的变化。

物联网的目的在于建立更加稳定、高效的连接网络，实现人类社会与物理系统的互联互通。物联网需求以及技术的迅速发展必定会形成未来庞大的产业链。有关物联网的建设方案正在发展和改进中，包括美国、欧盟、中国等都已经开始着手制定物联网发展战略，积极推进各个领域最新科技与物联网进行结合。但物联网的架构较复杂，实现难度远比互联网要高。因此，我们需要一些新的物联网思路和方法并进行不断的筛选、验证与总结，才能最终产生更加完善的物联网解决方案。

介绍物联网相关的书籍很多，很多是宽泛地介绍物联网的基础理论，使用互联网的套路来诠释物联网，晦涩难懂；再有就是某种智能技术在某个行业的最新应用，试图强加赋予物联网时髦的词汇。

实际上，我们需要的不是复杂的技术描述，我们需要的是关于物联网的新的观点和思维方式。

值得鼓励的是，当前已有部分优秀的国外著作能够被翻译成中文，中间的很多先进技术和方法被广大中国读者吸收，起到了很好的学习效果。我花了几个小时一口气读完这本书，值得欣喜的是收获很大。本书作者不拘泥于现有的物联网思路，他将从自然界得到的启发，与技术实战相结合，提出了一种全新的极简的物联网架构，这种思维方法和成果都是非常值得学习的。从作者的创新思维中我们可以发现跨界的重要性，可以从自然界得到启发，去探索如何建立自主运行的物联网小环境，删繁取精，简洁本身有时候就是一种完美的设计。

从整个物联网建设层面来看，本书提出的完善的物联网架构方案，对于我国物联网建设具有极大的参考性。希望这本书能够起到抛砖引玉的作用，使更多的读者能够从书中得到启发和灵感，从而激发对我国物联网事业发展更深入的思考。

最后希望将来有更多更好的此类书籍出版，进一步开阔广大读者的视野。多看看世界，你就会发现更美的风景。

刘富强

同济大学电子与信息工程学院教授，博士生导师

推荐序三

物联网概念早在 1999 年就已经提出，2009 年经温家宝总理之口火遍中国，到现在，六年多过去了，概念炒得差不多了，也终于应该静下心来思虑该怎么落地了。

物联网三层架构包括感知层、网络层和应用层。感知层主要靠传感器，在智能家居、智慧城市和智能工业等领域大量应用；网络层就是数据传输的依附。正如书中所说，传统协议难以应对物联网所带来的挑战。现在的 3G、4G、WiFi 等并不适合物联网对网络传输的需求，所以 5G、LPWAN（低功耗网域网）应运而生；应用层就更多了，比如云、智慧物流等。物联网落地主要通过智能家居、智慧城市和智能工业等方方面面。智能家居的产品已经有很多了，智慧城市也已有远程抄表、智慧停车等成熟应用，中国制造 2025 今年发布后，智能工业成为工业转型升级的利器。互联网是看不见摸不着的，而物联网时代你却能切身感受到它的存在，即使你喝口水，水温、口味以及你的健康信息等相关数据都可以上传到云端。未来的一切物体都将联网。这是一个全新的时代，是将人类过去的科技成果集大成而达成的一种全新的生活状态。它的影响是给过去分散的、无法自我表达的一切事物注入灵魂，放到一个互通的网络里进行交流、分析并产生更大的价值，其最终的落脚点是让人们享受到更加舒适便捷的生活。

本书作者通过多个方向深入物联网进行调查研究，大量论证深入浅出，让人很容易读懂。书中很多新思路都能给人以启发，比如根据 M2M 的不同需求而提出了一种可进化的三层架构，这对现实有重大的意义。译者又能很准确地表达作者的意思，这在诸多物联网领域丛书中也是不可多得的。若是本书的些许理论或成果能为我国相关人士所用，也是物联网领域的一大幸事。

当然，物联网并不是要一蹴而就地改变世界。相反，物联网是随着更多事情和设备相连接而一天天慢慢发展壮大的网络。其实这种改变已经发生了，不信你看看周围。

物联网智库

前言 | RETHINKING THE INTERNET OF THINGS | A Scalable Approach to Connecting Everything

物理世界与数字世界有机相联

本书的初衷并非构建一种全新的物联网（Internet of Things，IoT）架构，而是探索如何在机器社交网络中更好地发挥控制与协调机制，使其符合梅特卡夫定律的网络技术发展趋势。随着机器到机器（Machine-to-Machine，M2M）互联浪潮的逼近，巨大的信息化认知流的冲击也将如期而至。

试想如果能让机器社交网络（由各种传感器和不计其数的其他相关设备组建而成）摆脱人为干预，我们就完全有可能去创建一个高度自治的机器化社区，只需要适时与之进行交互即可。

物联网时代的到来，使得终端设备日益剧增，传统解决思路是进一步扩展网络地址空间容量（例如 IPv6 技术[①]），然而这种在 20 世纪 70 年代形成的主机到主机（Host-to-Host）互联协议，从根本上限制了物联网优势的发挥。近年来，物联网应用的发展速度惊人，一些廉价设备、哑设备（指非传统 IP 设备）以及更为多样化的设备迫切需要进行互联互通，而传统的组网理念由于众多因素将难堪此任。

首先，IPv6 的确能为每一个设备分配唯一的地址，然而数量巨大的

---

① 第二代互联网 IPv4 技术网络地址资源有限，IPv6 应运而生，其所拥有的地址容量是 IPv4 的 7.9×1028 倍，另外 IPv6 可支持任意硬件设备互联，服务类型更为广泛。——译者注

各种电器、传感器以及执行器却难以承载臃肿的 IP 协议栈，毕竟它们自身的处理器、内存和带宽资源极为有限。其中最浅显的道理就是，如果仅仅为了实现主机到主机通信，我们让一个简易传感器承担复杂的协议开销，显然是不够经济的。

其次，传统的 IP 协议组网意味着需要获取设备制造信息，假如缺少集中授权 MAC 地址和相应的端到端管理，IP 协议将完全失效。然而，全世界如此众多的设备商正在制造着五花八门的产品（如湿敏元件、路灯、烤箱等），不难想象，利用传统方式形成的传统网络技术显然是行不通的。

再次，物联网的数据需求与传统互联网完全不同。绝大多数通信来源于简洁的 M2M 信息交互，这是一种非对称式的通信方式，其在某一链路方向上（如传感器到服务器）的数据流远远超过其他链路。通常，即便是因中断或噪声连接导致偶尔的丢包现象，也不会造成严重影响。在这一点上，传统互联网则完全不同，毕竟其提供的主要是直接面向用户的服务，数据丢包显然是难以容忍的。而物联网针对大部分业务流需要进行时变特性分析，并非瞬态业务执行，而且终端设备具有高度自治能力，无论其是否处于被"监听"状态，都不会影响设备的运行。

然而，当物联网产生实时感知与响应的业务需求时，传统网络的往返控制环架构也会造成很多不确定因素。一种有效的策略是构建相对独立的本地控制环，它既能管理对应电器、传感器以及执行器之间的"交易"，同时又能接收来自核心服务器的"建议和指令"。

最后，也是最为关键的一个因素，传统的 IP 对等网络（Peer-to-Peer，P2P）架构可能会将物联网中的众多潜在资源拒之门外。面对物联网中存在的巨大的不可预知或偶发性数据流，只有通过"发布/订阅"架构[①] 才能更好地挖掘感兴趣的信息流以及它们之间的关系，也只有通过这种"发布/订阅"网络才能更好地适应未来大规模的物联网需求。

世界上只有自然体系能真正与物联网规模相媲美，例如花粉传播、蚁群、红杉[②] 等。受这些自然系统的启发，本书提出了一种三层物联网架构，即简易终端设备、专用组网转发节点和信息检索汇聚单元。通过本书的阅读，读者将会发现精简的自分类信息、隔离组网开销的专用设备层，以及"发布/订阅"机制将能成为充分发挥物联网潜能的有效途径。

---

① 发布/订阅（Publish/Subscribe）架构提出一种消息传播模式，消息的发布者无需将消息直接发送给特定的订阅者，而是将发布消息按特征分类，无需对订阅者有所了解，同样，订阅者只接收感兴趣的消息，也无需对发布者有所了解。这种架构提供了更强的网络扩展性以及更加动态的网络拓扑。—— 译者注
② 原著作者以红杉为例，是因为红杉天然更新能力极强，自然光合效率较高，繁殖旺盛。——译者注

目 录 | RETHINKING THE INTERNET OF THINGS | A Scalable Approach to Connecting Everything

RETHINKING THE INTERNET OF THINGS

A Scalable Approach to Connecting Everything

另辟蹊径：关于物联网的新思路

　　物联网的诞生对传统网络架构产生了巨大的冲击。目前工程师们虽然已经开发了成熟的网络协议和路由算法，然而，真正能为物联网提供架构参考的却是自然组网机制，绝非传统理念。本章主要探讨物联网为何急需融入革命性变化的网络架构，同时探索这种新架构的技术和经济基础，并最终挖掘解决问题的思路。

物联网缘何急需新思路

　　经典的互联网架构创立至今变化甚微，然而海量的小型设备（如传感器、电器等）却一直渴望互联互通。日益剧增的各种设备在不断地冲击着当前互联网的传统模式，无论是这些设备的海量数目，还是超低成本的连接需求，以及分布式的各类设备管理瓶颈，都将带来巨大的挑战。如今这些挑战日益凸现出来，并随着网络化的极速进程而愈演愈烈。因此，本书努力去尝试开拓新的物联网发展模式，然而最为关键的，还是如何应对当前的挑战。

边缘组网

　　物联网是边缘通信技术的象征，物联网的架构也因此需要更为有机的组网策略。亟待连接的设备有着庞杂的分布和种类，这些设备位于网络的边缘区域，而这种边缘网络会呈现出一种"低保真"连接，即低速的、有损的以及间歇性的连接。如图 1—1 所示，衰落与干扰可能会造成数据丢包，但通常一些无关紧要的数据并不会造成严重后果。另外，边缘网络主要以 M2M 通信为主，存在极少的数据段交互，这种方式与传统互联网模式截然不同。

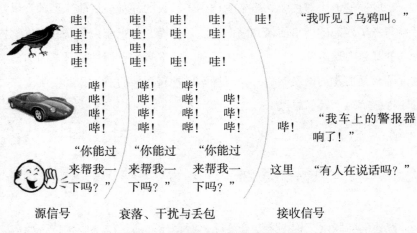

图 1—1　终端通信的有损连接示意图

通过分析传统互联网的特征模式，我们能更好地发掘新兴物联网中边缘组网的特色需求。通常，数据网络呈现出一种"超配置"的状态，也就是说，网络会提供更大的容量来保证信息的传输。即便是所谓的"尽力型"[①]网络服务模式在很多方面也会严重配置超标，若非如此，互联网可能就会立即瘫痪。例如 TCP/IP 网络协议就需要完全建立在收发双方的可靠连接之上。

---

① 尽力型（Best Effort）服务是标准的互联网服务模式，在网络接口发生拥塞时，需立即丢弃数据包，直到业务量有所减少为止。——译者注

　　摩尔定律（Moore's Law）[1] 为日益增长的处理器速度和存储器容量提供了"安全阀"，因此，近20年来，互联网的发展速度并未超越网络设备（如路由器、交换机、计算机等）的更新速度，这些设备每隔 3~5 年就会被处理能力更强、存储容量更大的新设备所替代。

　　这些网络设备功能强大，配备软硬件系统，而且可（经常）进行人机交互与控制。最重要的一点是，通常以协议栈的形式为用户提供设备网络性能的提升，而且几乎是免费的。而处理能力和存储容量等方面的性能也正逐渐演变为这些网络设备核心功能的附加形态。

　　然而，当海量设备在物联网中形成互联时，形势又将如何发展？例如，湿敏元件、调节阀、智能微尘[2]、停车计时器、家用电器等各类终端设备，它们几乎不具备运行协议栈的硬件条件（如处理器、存储器、硬盘驱动器以及其他需求等）。而且，这些因素并不能成为此类终端设备的核心需求，为之付出的成本代价是难以接受的，也可能会将更多有价值的应用拒之门外。因此，这些轻量级的设备需要在边缘网络中"自力更生"。

　　如今的互联网还未真正触及网络边缘，在边缘网络中，要做到传统互联网的超配置标准不太现实，或者说这样做并不符合成本效益。因此，边缘网络中的设备通常需要更强的自主性和"自给自足"的能力，它们需要自己去考虑命名、协议和安全等问题。与传统组网不同的是，边缘网络不再提供设备性能"保护网"、超配置容量、界定的端到端连接以及管理基础设施等。

---

① 摩尔定律是由英特尔公司创始人之一戈登·摩尔（Gordon Moore）所提出的，揭示了信息技术发展的速度，即集成电路上可容纳的元器件数量，每隔 18 个月就会增加一倍，性能也将提升一倍。——译者注

② 智能微尘（Smart Dust），又称为智能尘埃，是一种利用微机电器系统（MEMS）构建的超微型传感器，并可通过无线方式组网传递信息，主要应用于军事、医疗及环境监控等领域。——译者注

远超预期

物联网的兴起让越来越多的人感受到了它的神通广大，假以时日，物联网设备的数量将远远超过地球上的人口，而且永无止境。全球范围内的海量设备将形成一张规模空前的大网，这张网会将你能想象得到的任何设备以某种形式连接在一起，诸如土壤湿敏元件、路灯、发电机、视频监控系统，甚至神奇的互联网烤箱等。图1—2也给出了一些实例。

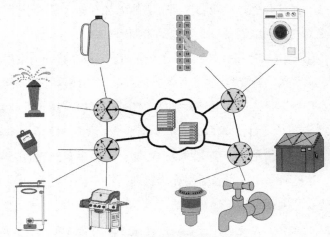

图 1—2　各类终端设备与物联网相连

一些权威专家总在强调通过扩充地址空间来解决海量设备联网的问题，甚至宣称IPv6协议足够应对物联网的需求。然而，这种思想完全是在混淆地址空间和寻址能力的概念。没有任何中央地址库或地址转换机制能够完全应对物联网中的边缘组网，而且寻址问题为组网所带来的高昂代价也是这些设备（电器、传感器、执行器等）所难以承受的。

这些海量设备可能产自全世界不同的国家以及不同的制造商，我们根本无法预知它们什么时候会出现（或消失）在物联网中。随之而来的巨大挑战当然是管理问题，同时也是对网络规模和设备性能的严峻考验。

　　以智能手机为例，作为世界上最常见的计算和通信平台，其数量已经达到 14 亿之多，也就是说地球上大约有五分之一的人在使用智能手机。类似的统计还包括个人计算机，这两类设备的全球总量将接近 30 亿的规模。

　　这些设备包含了传统网络协议栈（如 IPv6）所必需的处理器、存储器和人机接口，也包括控制接口和基础管理结构（唯一地址、管理服务器等）。设备的价格 / 利润空间促使制造商 / 政府持续跟进地址空间、功能特性以及软件升级等要素。

　　然而对于物联网中的边缘设备（执行器、传感器、电器等）而言却截然不同。以发达国家人均拥有电器数量为例，统计结果令人惊叹，他们每人每天可能会用到几十种电器设备。即便是在发展中国家，居民每天也会跟多个终端设备打交道，而且随着人们生活水平的提高，他们所使用的设备数也会随之增加。另外，各级政府部署的交通灯控制器、安全装置、状态传感器以及其他潜在的物联网终端设备，正在以超过全世界人口（撰稿时统计约 70 亿）成倍数量级的速度在增长。

核心互联网

传统互联网
30~50 亿设备

物联网 7 000~10 000 亿设备

图 1—3　物联网设备数量远超传统互联网

如图 1—3 所示，估计存在超过 7 000 亿美元的物联网设备难以进行统一管理，这些设备只能学会如何去适应网络。对于如此庞大规模的设备，如果利用 IPv6 之类的传统组网方式来进行寻址管理，那简直太不可思议，而且完全没有必要。在第 3 章中，自寻址和自分类的模式将会揭开其谜底。

简约性、针对性与无关性

如此海量的物联网设备所需交换的信息与传统互联网（至少对于 20 世纪 90 年代以来我们所熟知的网络而言）也完全不同。当前互联网的大部分业务还是以面向人机交互为主，例如电子邮件、网页浏览、视频流等，其中包含大量由机器产生的数据以供人们使用。因此，此类业务往往是非对称的突发性数据流，在每次"会话"或"交谈"中将有大量数据交互。

然而，典型的物联网数据流与这种传统互联网模式完全相反，M2M 通信需要最小的数据封装开销。例如，农场里使用的湿度传感器，仅仅依靠传送一维数据即可反映土壤容积含水量，其数据通信量只有几个字符，至多再加上对应的位置标识符，而且这些数据在一天之内变化非常缓慢，因此"有价值"的数据更新频率也相对较慢。无数其他的物联网传感器与设备也可采用类似的简约通信方式，这类设备大多功能单一且数据单一，它们只需要传输某个状态，或者开启时反复读取数据，因此，它们几乎没有多余的空间来实现"收听"并反馈的动作。

典型的物联网信息呈现出的另一个特点是"独木不成林"。对于一些简易传感器和状态机而言，其状态随时间的变化可能微乎其微。显然，来自众多物联网设备的任何单一数据传输可能毫无意义。物联网对数据进行连续采集并加以解析，即便是出现个别数据缺口，也可忽略不计或通过推演方式进行弥补（参见图 1—4）。

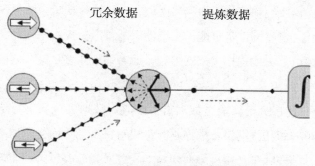

图1—4　对接收的冗余数据进行提炼

即便是相对复杂一些的设备，例如远程监控发电机组，可能会产生更多业务流，这些数据仍以很简约的格式出现，并非直接可读，需要通过物联网其他设备进行采集与解析。总之，物联网设备所产生的"有价值"数据会越来越少，这一点与传统互联网的趋势恰恰相反。例如，一个温度传感器每天可能仅仅产生几百个字节的有用数据，也就相当于几条智能手机的短信息而已。正因如此，这种超低带宽连接方式有助于节约开销、延长电池寿命以及其他相关因素。站在物联网边缘，就好比在神秘的"美国旧西部"①，简约的就是最好的。

应对丢包现象

如今的互联网模式依然堪称可靠，甚至被冠以"最佳效果"之名。超配置带宽（正常情况下）以及骨干路由的多样性必然要求互联网为用户带来更高的服务水平。"云架构"以及现代企业组织架构也都期待互联网能提供高质量的可靠性服务。

---

① 　美国旧西部（Old West）包括美国西部的历史、地理、居民、文化等多元内涵，是指美国内战至19世纪末这段时期。——译者注

然而在构成物联网的边缘网络区域，网络连接质量常常呈现出间歇性和不稳定性。物联网设备可能由太阳能电池供电，配有一定的备用电池，偶尔也会掉电。无线连接占用低带宽，或者通常在多个设备之间共享带宽资源。

经典的 TCP/IP 协议通过数据重发来应对数据丢包和不稳定连接的问题。尽管单一的物联网设备数据吞吐量相对很小，然而对于整个物联网业务流而言，其吞吐量规模可想而知，如果针对如此海量的"非关键数据"进行数据重发，显然会造成不必要的冗余。前面已经提到，对于绝大多数物联网设备来说，一个数据丢包（甚至一连串的数据）并不能说明任何问题。不可否认，对于需要处理"实时紧急任务"的设备而言，传统的互联网协议可能比新兴的物联网架构更为契合。

协议陷阱

既然互联网协议（如 TCP/IP）已经以协议栈的形式广泛应用于无数计算机或智能手机之类的设备中，那我们自然会思考如此大规模部署的成熟协议为何不移植到物联网上（参考第 2 章专栏"IP 为何不是物联网的菜"）呢？简而言之，大部分类似协议并不适合物联网终端设备的潜在应用。

其根本问题在于这些互联网协议都十分稳健，它们主要是针对高效运转、大数据流和高可靠性而设计的，这些原本值得称道的特性对于物联网来说却不合适。你可能会问："这有什么不妥吗？更高的性能难道不是一件好事吗？"我的回答是："适合的才是最好的。"

树立开销意识

稳健的协议对于物联网来说并非必要（或不可能实现），主要原因在于其对网络开销的要求，而且那些简易物联网设备的处理能力、存储容量和通信能力也十分有限。很多物联网创想者们认为，如果在每一个灯柱或冰箱上都配置 IP 协议栈，那将是多么令人震撼的一件事情。然而，正如用望远镜需要选对方向一样，物联网也需要从边缘网络的角度考虑，那些创想立即会变得非常不切实际。既然如此，为何不提供一种新的思路，既能与现有支持 IP 的终端设备共存，又能高效地管理所有非 IP 设备产生的海量数据，这或许是一种趋势。

当前关于物联网的很多书籍都假定在每一个设备（如冰箱、停车计时器、流体阀等）中存在一套复杂的网络协议栈，这种思想确实难以摒弃。然而，经过前面的讨论，我们发现，这些设备显然并不需要数十年来形成的 TCP/IP 网络协议架构。我们需要从传统以计算机 / 智能手机（面向用户）为载体的组网理念中摆脱出来，设法满足物联网边缘的海量设备更为简洁的需求。

假如要为这些简易设备（如电力线传感器、咖啡机等）配置完整的网络协议栈，那也只能以增加成本和复杂性为代价。传统网络协议栈的运行要求具备处理器、操作系统、存储器以及其他相关功能，即使片上系统（System on a Chip，SoC）能提高集成度，随之产生的复杂性、功耗、计算成本等也为物联网带来不必要的开销。本章后续内容会进一步讨论成本开销问题。

如前所述，绝大部分物联网设备最基本的需求是进行少量数据的收发，那么对于物理层的需求同样非常简单，只需一个包含最少接口和收发通道的集成芯片即可。

高智能、高风险

尽管乍看上去有些违反直觉，但网络中的哑设备确实更安全。如果每个物联网设备都有某种操作系统和存储资源，随之而来的黑客攻击和意外错误配置，将成为潜在的大问题。既然操作系统和协议栈需要更新和管理，可想而知，企图为物联网海量设备（产自无数不同的制造商和企业）提供如此大规模的安全与升级，将是一项多么不可思议的艰巨任务，如图1—5所示。

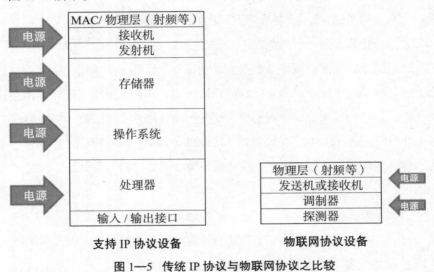

图 1—5　传统 IP 协议与物联网协议之比较

成本开销

除了物理成本和管理需求之外，传统网络的数据开销对物联网也有巨大的杀伤力。传统互联网协议是"面向发送者"的，换言之，发送方必须确保消息正确发送并被接收，这就意味着必须具备临时数据缓存、应答管理、丢包（已损）重发机制等功能，这些强大功能必然导致信息负载的额外数据开销。

相对于物联网设备所收发的微小数据量而言，我们发现这种数据开销与信息负载之间的比率简直是不可思议的。既然单一的物联网数据信息可能是毫无意义的，那这种校验重发开销对带宽和终端设备成本来说就完全没有必要。因此，新的物联网架构设计最应该关注的是，如何保证最少的数据开销。

减少人为因素

不容忽视的是，传统网络协议和应用主要以人作为"对话"的用户端，那么协议的设计自然需要考虑面向用户的通信理念和情境。

然而，面向用户的协议要求网络流畅性、键入字符呼应以及数据表述易于理解等，随之产生的网络开销对于物联网 M2M 设备级通信而言却毫无必要。因此，传统互联网协议中绝大多数数据处理成本对于物联网来说是完全冗余的。物联网架构应该只提供最小的必要开销，切中要害，实现效率最大化和成本最小化。

物联网经济与技术思考

传统互联网引入 IPv6 的最大优势在于，无论网络规模如何增长，IPv6 都能为每一个接入设备提供地址空间，甚至物联网设备也不例外。从狭义上理解，这种优势看似没问题。目前只有部分 IPv6 地址空间已开放，而 IPv6 互联网中的主机数量理论上可以达到 3.4×10^{38}（即支持 2^{128} 个地址）。

这的确是一个天文数字，即便是物联网也不可能超越这种规模。正因如此，很多权威专家和制造商（特别是既得利益者）踌躇满志地认为，IPv6 已然做好准备迎接物联网的到来，全世界只需继续维持现状融入新兴物联网即可，毕竟可用的 IP 地址多如砂砾。

然而，这种"把头扎进沙堆里"的鸵鸟政策忽视了最为关键的经济因素——最终成本，它是推动物联网全面部署的根本动力（其他任何网络技术的推动也是如此）。这些成本主要集中在软硬件系统、监督与管理以及安全保障这三个方面。因此，物联网迫切需要一种新的发展思路。

烧钱的无用功能

如前所述，经典的计算与通信设备（如个人计算机、平板电脑和智能手机）集成了处理器、内存和存储设备等功能设计，这些设计保证了它们的核心功能。引入 IPv6 只需将协议栈置于设备存储器，在内存中执行，并由处理器驱动。

实际上，与这些设备所产生的利润率相比，因 IPv6 而造成的边际成本微乎其微，几乎也无法衡量。然而，此类设备"并非物联网的重要组成部分"，与无数传感器和各种装置组成的物联网设备相比，它们的数量也不值一提。

物联网中的海量终端设备通常并不包含处理器、内存和存储设备，而且当前尚未进行任何方式的数据对接。未来物联网需要连接的是那些之前从未联网的设备，这正是关键所在。通常，这些设备从设计、制造到出售，均以最低成本收获最高利润率。尤其是那些销往发展中国家的设备，必须是极为廉价的产品。然而，发展中国家也正是物联网发展最为迅速的地方。为了充分发挥物联网的巨大潜能，我们需要为那些海量设备制定合理的低成本解决方案，否则它们会继续远离网络，也难于发展，甚至步入一次性处理的行列。

廉价设备难以承载传统协议

我们必须对那些实际成本做到心中有数，如果仅仅为了运行传统的 IPv6 协议，而在终端设备（如湿敏元件、照明灯、烤箱等）中增加相应的软硬件负载（并非那些传感器和装置所必需的基本功能），显然会成为物联网的巨大障碍。据估计，即便是批量生产，这些设备使 IPv6 增加的边际成本也要将近 50 美元。另外，除了处理器和存储设备之外，还需要配备 WiFi 或以太网等无线组件，相应的高功率和热损耗也在所难免。

幸运的是，对于物联网而言，那些简易设备并不需要任何复杂功能去支持 IPv6 协议，只需简单的调制、传输和接收技术即可满足需求，甚至还包括一些非射频技术，如红外和电力线组网等。如果将这些功能封装到硅片中，那么为终端设备增加物联网基本组网功能（参见第 2 章）所需要的成本接近 1 美元。关键在于这并非传统意义上的"组网"，因为仅仅是发送一个状态或接收一个简单指令而已，其中不会存在任何纠错、路由以及其他传统组网功能。物联网设备通常是"哑设备"，但它们却完全可胜任某一项特定任务。从根本上来说，我们不难发现单从成本指数上就足以证明，为物联网设备创建一种新的解决思路是绝对有必要的。若非如此，众多新技术与新发明都将会变得遥不可及。不考虑成本的做法也将严重制约物联网的价值，那么，如何才能使物联网进一步发展、壮大并走向成功呢？

像 IPv6 这种传统的通用网络协议，其所能负担的最小有效载荷近 1 000 个字节，在当前的超配置背景下，这些被浪费的字节通常不会引人注意。然而，当海量终端设备每天收发次数达到几十万次以上时，潜在的网络拥塞以及巨额开支将会令人震惊。假如通过新的网络载体建设来支撑物联网的"通用"数据组网，恐怕又很难达到成本合理化的标准。

7 000 亿设备的监管

尽管网络设备制造商数以百万，但想要定位并追踪它们并非难事，因为每一款网络设备都有对应的 MAC 地址（介质访问控制标识符），由美国电气与电子工程师协会（IEEE）负责维护和管理如此庞大的制造商数据库。

传统的网络设备制造商通常具备丰富的组网经验，新的物联网标准将为这些网络设备商带来新的机遇，同时也会进一步推动全球经济的增长。

对于全世界无数制造物联网设备（简易传感器、执行器和电器等）的企业和个体来说，如果让他们都去等着某个集权机构分配相应的设备地址，那岂不是一件匪夷所思的事？要知道，那些恐怖政权、组织或个人对攻击这样的系统毫无兴趣。

当然，甚至为万亿设备分配地址都不是问题，但当你想检索并管理其中某个设备时却如同大海捞针。如果你试图对数千亿 IPv6 地址进行检索，可能需要花上几百年时间。这绝非耸人听闻。对于一个由复杂的 IPv6 设备组成的物联网而言，其管理成本可能远超世界上的任何网络化工程。而这些无谓的成本，对本已捉襟见肘的运营商来说又是沉重的一击，毕竟他们正想方设法去弥补昂贵的基础设施投资。

好钢用在刀刃上

毋庸置疑，新兴的物联网架构应当另辟蹊径，这也是本书一直在强调的重点。终端设备仅有局部意义而并非全局唯一，这并不会造成任何影响，因为在更小规模的网络架构中依然存在智能化管理模式。

监管或控制每一个终端设备确实毫无必要，毕竟物联网为终端设备提供的组网能力有限，它们能自力更生则有益无害，而且也很容易通过少量的"智能"设备相互协作。

这是与 IPv6 完全不同的思路，每个设备不再需要"对等"的网络功能与管理模式。所有设备都必须有可管理的 P2P 模式只会限制物联网的发展规模。正如大规模的蚁群一般，物联网可通过特化理论、个体自治和局部效应来发展壮大，关键是成本也会随之降低几个数量级。

简化才更安全

物联网架构中的终端设备通信简易且单一，几乎不存在"后门"和安全隐患。然而，在 IPv6 的 P2P 对等架构中，众多 IP 设备随时都有可能成为全球任何一个角落黑客的攻击对象。根据 2012 年赛门铁克（Symantec）的统计数据，全球互联网安全漏洞导致的成本高达 1 150 亿美元。当今互联网有将近 24 亿的 P2P 用户，这就意味着，每个用户的年损失将近 50 美元。假如将此数字与物联网中的海量设备相乘，不难发现 IPv6 所导致的灾难性巨额代价。

由于物联网重点关注组网能力有限的终端设备，这就必然在很大程度上减少了网络规模剧增所带来的风险与代价。

互联与代价

物联网日益发展的关键在于，如何利用低成本和低风险让更多的设备互联互通。唯一的思路是构建新架构，走成本效益最优之路，这也是所有设备制造商、网络运营商和众多用户的心声。

物联网如何走出困境

海量终端设备及其难以统一管理的本质，为物联网在经济与技术上的发展提出了挑战，既然明确了这一点，接下来我们需要进一步探讨解决思路。本章以及全书的重点都放在如何建立一种新的理念，并为物联网开拓一种新的架构，从而使物联网能够真正按照需求进行大规模发展。这种全新的物联网架构既能与传统 IP 网络并肩作战，又能大大增强网络的无限潜能。

激发新架构

既然传统网络架构无法满足物联网的潜在应用需求，那又该去哪里寻找解决途径呢？为了回答此问题，我们依然需要求助于机器人、嵌入式系统、大数据以及无线网状网络等诸多技术领域，尽管这些技术并不能直接解决物联网大规模部署以及海量终端节点简化等问题，但是它们能为我们提供好的理念和技术支撑。

目前，还没有任何人造技术系统能满足未来物联网的巨大规模。当我们考虑技术流程时，非常有必要转向大自然，因为自然界的系统是通过某种方式交互信息（广义上讲），并已成功地进化了数以千亿的个体规模。很显然，唯有自然界群体才是真正具备如此规模的高度优化系统，例如，群居昆虫、花粉传播、幼虫繁衍等。

自然：原始大数据

新兴物联网与自然界系统之间最为显著的共同点在于它们的规模。自然界真正展现了其令人叹为观止的海量规模，不计其数的个体运转与交互形成了一个种群（某个物种）或一个生态系统（多个物种）。各种视觉的、听觉的、化学的信号在持续传播并被解析。例如，花粉受精借助风和气流在广阔区域进行花粉传播，从而与同一物种的其他个体进行交互；大批同类或异类的生物体都在分享着与威胁食物链相关(有意或无意的)的各种息。

很显然，大自然系统之间的通信不受集中控制，也不存在任何复杂协议或重传机制。然而，大自然的物种进化却让这样的通信方式成为现实。那么，到底是什么特性让自然界的海量系统能实现"组网"呢？

个体自治

自然系统最引人注目的一个特性是，个体之间独立地进行通信收发并按信息采取行动。即使看似高度组织化的群体（如蚁群和蜂群），实际上也是由相互独立的个体决策所组成的。这些个体在进行决策的时候，主要依据一些群体共享的简单机制（如"二分群体决策"[①]），因此总体上，群体的行动效率与集中控制相比毫不逊色。

更令人惊叹的是，自然界中很多物种的大脑"计算能力"实际上非常有限，然而，它们依然能够利用刺激反应进行决策，能够发布威胁信息，能够传递交配信号，也能执行很多其他生死攸关的任务。在自然系统模型中，个体的简约性是由狭义的通信方式所决定的。

同样，物联网的大部分终端设备可能（事实上必须）也是非常简单且自治的。如前所述，假如让如此海量的设备承载各种处理能力、存储器或复杂协议，显然在经济或架构上都行不通。这些终端设备一旦通电，就应立即进行数据收发，不再需要任何配置、管理以及其他交互行为。有趣的是，很多群居昆虫同样采用类似的方式进行群体运作，例如，它们可能立即以成虫的角色出现，并开始照顾附近的幼虫。正因为这种个体自治能力和独立决策模式，自然界才能得以进化，那物联网何尝不是如此呢？

感兴趣社区

自然系统能以如此规模得以进化的另一个关键因素在于，通过"亲缘关系"形成的感兴趣"空间"或"社区"，这使得个体之间能够根据特定的信号执行决策，完全不受其他信号的干扰。"鸟之歌"正是这种现象的

[①]　二分群体决策是一类非常典型的群体决策机制，其方案中仅包含两个完全对立的方案，现实中存在众多此类决策问题。——译者注

一个有趣案例，当你漫步田野，一定会沉浸于鸟儿们各种清脆的歌声当中，实际上，这些同时演绎的"鸟之歌"可能会有各种不同的用途，例如交配信号的传递或领地归属的宣示等。

　　然而，每一只小鸟只会关注它自己同伴的歌声（见图1—6）。各种鸟类的感兴趣空间（社区）可能会发生重叠，它们在利用同一种通信介质（通过空气传输不同的音频信号）来传递所有消息，但鸟儿们只会根据自己同伴发出的信息进行活动。同样，物联网的合理架构也需要观测者去定义感兴趣社区（在更大的互联网范围内），从而可以仅仅向社区成员发送消息，同时也只分析来自社区成员的数据。

图1—6　鸟儿通过感兴趣社区传递信息的模式

情有独钟

　　自然系统的另外一个重要特征在于，其通信模式大部分是面向接收者的，这与前面所提到的传统通信协议面向发送者的本质完全不同。例如，植物授粉就是代表自然系统高延展特质的一个有趣案例。

　　在很多人眼里，花粉是季节性花粉热过敏的罪魁祸首，但在自然界中，花粉的实际作用只是为了植物繁衍。雄性植物所释放的花粉被风带到了各

第 1 章
另辟蹊径：关于物联网的新思路

RETHINKING THE
INTERNET OF THINGS

A Scalable Approach
to Connecting Everything

21

个角落，花粉是一种"轻量级的信号"，随着气流的作用，其传播半径能达到几百甚至上千公里。到一定时候，花粉从空气中随机散落在任意物体的表面，很多花粉落在了水池里、田地间、街道上以及其他种类的植物体上，当然，在这里它们无法发挥任何作用。但是总会有一小部分花粉恰好落在同一物种的雌株花蕊中，此时此刻，授粉成功将会产生下一代植物种子（见图1—7）。

花粉传播显然是一种"面向接收者"的通信方式，接收方植物会去定义自己的感兴趣空间（社区），从而避免其他信号（其他物种的花粉）的干扰。整个网络（如风等）并不会以任何方式去主动辨识或管理花粉的传输，它仅仅充当了一个运输机构，自然界的"智能"只体现在接收者那里。

图1—7　植物花粉"面向接收者"的传播模式

同样，一个扩展性强的物联网架构必然要求包含许多"面向接收者"的单元，并且具备感兴趣空间（社区）以便于进行数据采集与融合。这些集成功能可以通过不同空间（如地理、时间、功能等）建立感兴趣数据流。

另一种自然世界进行通信交互的方式是"发布/订阅"机制,许多个体可能通过某种方式进行消息"发布",如呼叫、视觉效应、花粉,等等。然而,如果其他个体并没有"订阅"这些消息,那么发布的消息对其就毫无意义。在发布者与订阅者之间不存在任何固定的关联,毕竟自然界过于庞大且不易管理,而传统的 P2P 对等网络却并非如此。对于物联网而言,依然遵循相同的原则,即只有通过"发布/订阅"机制才能从海量数据源中提取所需信息,从而增强网络的可扩展性。

简化信号

自然系统交互的绝大多数"信号"都是非常简洁的,而且目标单一。这些"轻量级"信号更易于依托环境进行传输,不在乎天涯海角。正因为目标单一,所以这些信号也更容易"解析",并最终在目的地发挥效能。而传统网络协议通用性更强,当然也需要更多的开销去支撑各种有效载荷的运转。

绝大多数物联网传输的数据同样也非常简洁且功能单一。很多传感器类型的终端设备仅仅传递一些简单的状态,即便是需要接收一些数据,通常也只是针对指定配置进行微调的简单设置。其他类型的设备通常不发送任何数据,仅接收来自控制中心的简单指令或设置。

除了信号轻量化之外,自然界通信(如花粉传播)的另一个关键因素在于,个体消息的自分类能力。例如,花粉颗粒呈现出与特定接收者相"匹配"的尺寸与形状;细菌和病毒同样也会调整自身结构去适应特定的宿主。这些自然消息通过物种或内容进行分类,呈现出不同的形状或模式。同样,物联网消息由于存在外部标签,从而中间网络组件也可对其进行分类。

源于自然

　　将自然界中的这些理念引入到物联网架构中，可形成一种更为有机的
方法。从自然界中获取的关键经验是，简单的积木原理也可形成巨大的系
统规模。物联网架构需要建立在最小的组网需求之上，用最小的复杂度实
现最必要的需求，绝不能依靠臃肿的组网协议。

P2P 不对等

　　由于大多数物联网通信是机器到机器的 M2M 模式，这就很容易让我
们认为物联网也是一种 P2P 对等网络，P2P 架构的理念也确实极具吸引力。
海量设备无缝交互的愿景似乎让物联网摆脱了集中式控制的局限，然而只
有充分利用梅特卡夫定律，才能通过更多的互联创造更多的价值。

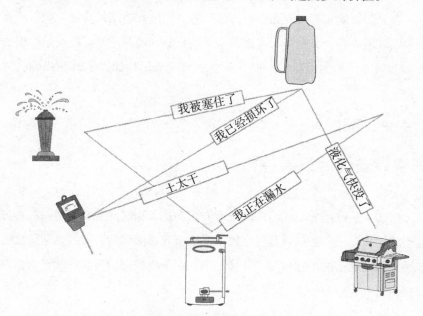

图 1—8　物联网边缘毫无价值的 M2M 交互

真正的P2P通信并非完美的民主主义，有时甚至会导致完全的不和谐。物联网中，很多边缘网络的设备之间没有必要进行互联，因为它们所交互的信息毫无价值，如图1—8所示。如前所述，这些设备有着非常简单的收发需求，也许只是每小时共享几个字节的数据来反映柴油发电机的轴承温度或燃油供应等指标。如果让这些设备承载P2P组网所需的协议栈、处理器及存储器等，必然会造成资源的极大浪费，而且会带来更大的风险，如故障、管理、配置错误以及黑客攻击等。一些更为复杂的终端设备仍然需要IP协议栈，它们可以与那些简易设备共存，但需要更为优化的技术去最大化物联网的潜能（详见第7章）。

物联网业务传输

很显然，确实有必要在一些边缘设备之间进行数据的传输。但对于真正的物联网而言，最期待的突破在于利用日益剧增的网络智能及组网能力去管理网络中的数据传输，但并不需要每一个设备都去承载同样的组网能力。

海量设备筑起三层架构

前面我们已经分别从经济和技术方面阐述了物联网需要新架构的各种原因，也探讨了我们从自然界大规模系统所获得的启发，即自然系统能够成为物联网通信的潜在模型，其核心思想在于物联网的简易终端设备需要保持最低的通信开销。

既然这些终端设备缺乏较强的通信能力，网络中还需要其他设备来完成有效的数据传输。如果终端设备所收发的数据具备某些价值，那就必须由终端设备以外的其他网络元素来进行数据流的管理。

这种新的物联网架构的核心理念在于对网络进行三层功能划分，从而允许网络在必要的时候和必要的地点进行必要的组网能力（开销和复杂度）部署。这三层架构主要包括：

- **终端设备**。物联网边缘的海量终端设备；
- **转发节点**。提供传统互联网的数据传输及网关功能；
- **汇聚单元**。提供数据分析、控制以及物联网人机接口。

如图 1—9 最左侧所示，网络的边缘是一些简易的终端设备，它们以各种方式进行小规模数据的收发，例如通过众多无线协议传输，或电力线组网，甚至直接与更高级别的设备相连。这些边缘设备只是简单地"广播"少量数据，或者"收听"直接发送给自己的数据（这种寻址方式详见第 6 章）。

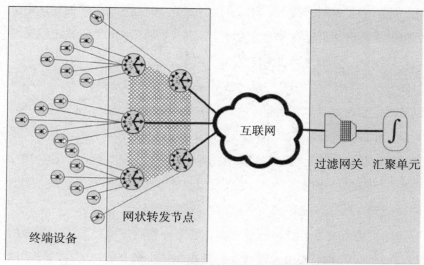

图 1—9　三层物联网架构：终端设备、转发节点和汇聚单元

与传统 IPv6 协议不同的是，物联网架构的终端设备这一层不包含任何差错校验、路由机制或高层寻址，这些也的确毫无必要。第一层（Level I）的边缘设备可以看作是一些忙碌的"工蜂"，它们会产生很小的数据流，但完全能满足连接到物联网中的其他设备需求。

转发节点增强组网能力

协议智能主要体现在物联网的第二层（Level II），即图 1—9 所示的网状转发节点。从技术上来说，转发节点与传统网络设备（如路由器）有些类似，但它们运作的方式完全不同。转发节点侦听来自任何设备的数据。基于一组简单的传输"指向"规则（朝向设备或来自设备），转发节点可决定如何向其他转发节点（或下一节将要讨论的更高层的汇聚单元）广播消息。

为了应对物联网的巨大规模，转发节点必须具备很强的寻址和自组织能力，它们需要识别传输范围内的其他转发节点，并建立简单的邻区路由表，以及搜索到达汇聚单元的可能路径。类似挑战已在无线网格组网技术中得以解决，尽管拓扑算法比较复杂，但需要交互的数据相对较小。

转发节点的重要功能之一是能够对数据传输进行裁剪和优化。终端设备的收发数据可能会与其他业务融合，并按照传输"指向"机制进行转发。转发节点也许是与传统 P2P 组网理念最为接近的网络元素，它们是为"下层"的终端设备和"上层"的汇聚单元提供组网能力的中间层。这一层可以使用任何标准的组网协议，而且转发节点能够在不同的网络制式（如电力线、蓝牙、ZigBee 或 WiFi 等）之间实现数据解析。

前面讨论了转发节点的一般功能，还有一些转发节点融入了重要的附加功能，即可被汇聚单元进行在网管理和"协调"的功能。这种功能以"转发智能体"软件的形式存在于全功能转发节点中（详见第 4 章和

第 5 章），转发智能体将成为一个或多个汇聚单元所创建的信息"社区"的一部分。与软件定义网络（SDN）的模式类似，汇聚单元可对转发节点进行高层管理，从而实现对数据传输频率、网络拓扑及其他组网功能的控制。

汇聚单元收集、融合与决策

汇聚单元用于对无数设备产生的数据流进行分析和处理，当然，汇聚单元还能通过发指令去获取信息，或者配置设备参数（此时数据的传输指向设备方）。汇聚单元也可以引入各种输入业务，从大数据到社交网络，甚至从 Facebook "点赞"到天气预报等。

汇聚单元在这种新架构中充当物联网的人机接口，实际上，汇聚单元就是为了对某段时间内所收集的海量数据进行解析，并将其转化为人们所熟知的简单预警、异常或相关报告。而在另一方向上，汇聚单元可微调设备使其在预期参数范围内运转，从而更好地对物联网进行管理。

运用一些诸如"集群"和"规避"的简单概念（详见第 5 章），汇聚单元内部的综合调度及决策进程能使得物联网透明性运作，无须人为干预。一个中等家庭可能需要一个汇聚单元来控制智能手机、计算机或家庭娱乐设备等。当然，汇聚单元也可扩展至一个庞大的全球企业，例如，可用于跟踪和管理企业的能源使用情况等。

应对海量规模

"过滤网关"是第三层架构中的另一个设备，可以看作是双臂路由器，它在互联网与汇聚单元之间搭建了一座桥梁。汇聚单元实际上是类似计算机的通用处理器，极有可能难以做到处理海量数据业务和拒绝服务攻击[①]等，因此，有了过滤网关这道屏障，就能确保有价值的数据转发给汇聚单元。过滤网关可以使用一组简单的规则（由汇聚单元进行设置）对需要转发给汇聚单元的业务流进行过滤，将其限定在"感兴趣区域"之内，这个区域可以通过地理信息、功能、时间或者相关因素的组合进行定义。

功能和物理封装

当考虑通常意义上的包装及交付产品时，那些物理设备当然应该是构成元素的组合。如图 1—10 所示，将转发节点与多个终端设备进行组合是完全可行的，其他组合架构也是如此。然而这里要强调的一个重要理念是，利用分层组网投递方式取代 P2P 对等网络的思想，向最需要的地方投递最必需的信息。在物联网中，分工是必不可少的（正如蚁群和蜂群一样），对于那些无需多"说"或多"听"的设备，仅仅接收它们所必要的组网信息即可，多则无益。

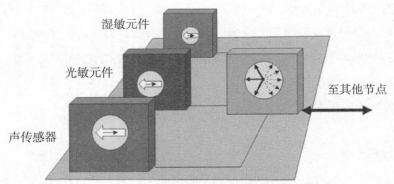

湿敏元件

光敏元件

声传感器

至其他节点

图 1—10　利用集成封装架构提供组网服务

---

① 拒绝服务攻击（DoS）是黑客常用攻击手段之一，DoS 将造成目标机器停止提供服务，主要体现在两个方面：a.迫使服务器缓冲区溢出；b.通过 IP 欺骗影响合法用户连接。——译者注

连接大网

至此，本章主要探讨了区分物联网和传统互联网（"大网"）的特征和功能。

对于这种新的物联网边缘组网架构和协议，我们提出了非常清晰且令人信服的理由，然而，有一个基本事实不可回避，那就是为了达到海量设备的全球联网规模，传统的互联网仍然是传输物联网业务的唯一可行的骨干网。因此，在某些情况下，轻量级的物联网协议也需要封装并转化为传统的互联网协议，从而才能够更好地利用当前部署的全球互联网架构。

在分层物联网架构中，高配的全功能转发节点提供了中继和转换功能（详见第 6 章），而标配的转发节点只与轻量级的物联网协议进行通信，具体情况主要取决于其他用于 IP 转换的转发节点（详见第 4 章）。

因此，转发节点之间的连接要么是传统的 IPv6 协议，要么是轻量级的物联网协议。更重要的是，全功能转发节点可以提供 IPv6 协议转换，从而就可以在终端设备与其关联的汇聚单元之间进行畅通的数据路由。反过来，汇聚单元也配置了 IPv6 协议，用于互联网直连（或者由过滤网关提供）。

小数量大功能

此外，还存在一些小规模的（仍然数以十亿计）更为复杂的终端设备连接到物联网中，它们涉及紧急任务数据、较大数据需求以及实时数据业务等。此类设备能够在成本和复杂性之间寻求平衡，它们具备处理器、存储器和完整的协议栈，可直接通过 IPv6 联网，如视频监控摄像机或复杂过程控制器就是类似的例子。

这些设备收发的 IPv6 数据仍然与轻量级的物联网数据流在相同的汇

聚单元中进行交汇。另外，也有一些混合设备可能同时具备轻量级的物联网接口和传统的IPv6接口，在这种情况下，物联网协议主要用于常规通信，而IPv6连接在某些特定的事件或条件下才会被激活。

总之，物联网协议必须与传统互联网及其他网络（如蜂窝网4G/LTE）共存并进行交互。这种新的物联网架构最核心的挑战在于，在不增加海量终端设备负载的前提下允许互通性。第2章将讨论一种简单的物联网"啁啾"[①]信号结构及其如何在物联网中进行传递。

---

① "啁啾"（Chirp）是通信编码脉冲技术的一种术语，在第2章中作者对其进行了重新定义，指物联网终端设备产生的小数据包。——译者注

第 2 章

RETHINKING THE INTERNET OF THINGS

A Scalable Approach to Connecting Everything

深度剖析物联网

为物联网设计一种全新的组网架构，的确是一项非常艰巨的任务，当前第一要务就是如何构建一种全新的理念。物联网的显著特点在于其运行环境千差万别，而且连接设备各式各样。不可否认，自互联网起源以来，如此大规模组网所面临的挑战是前所未有的。

在开发这种新的物联网架构时，我们汲取了很多关键的经验教训，主要来自于传统互联网技术的开发，以及其他划时代技术所提供的基本设计指导原则：

- 限定尽可能少，从而建立更加开放的创新空间；
- 系统容错设计，不要企图消除一切差错，而是学会包容；
- 关于分层的组网功能与复杂度，一切都以需求为前提；
- 利用自然现象，以简单的理念构建复杂的系统；
- 从实时数据中提取有价值的信息。

通过减轻网络边缘的组网技术及资源等负担，新的物联网架构能够为更多的市场参与者提供更为包容的环境。在此阶段，新的架构也必须对故障、差错及间歇性连接有足够的容忍度。因此，最好的途径还是去简化边缘协议，而绝非使其复杂化。

反之，连接传统互联网的网关依然需要复杂的组网能力，而转发节点可以为众多相对简易的设备提供通信服务。

最终，汇聚单元作为物联网的人机接口，能够从海量数据中提取有价值的信息，这种级别的监管能力仅仅针对网络的最高层。而对于那些更为简易的设备，就像蜂群中的工蜂一样，它们完全没必要承载更多的计算和组网资源。

为了探索这种新架构的真正需求，首先必须抛弃传统的组网观念和现状。

传统协议难以应对物联网挑战

当我们在冥思苦想物联网到底该如何运作时，往往会忽略传统智慧的组网机制，特别是广域网（WAN）和无线网络。在传统网络中，带宽和频谱资源昂贵并且十分有限，然而传输数据量却很大而且在持续增长。尽管桌面有线网络（大多数传统互联网）的超配置数据通路已司空见惯，但对于广域网和无线网络来说，这种做法的确不够实际，毕竟代价太昂贵。无线网络的成本通常是传统有线 IP 网络的十倍之多，因此，运营商会将绝大部分高额成本转嫁给用户。

无线世界除了带来成本的增加，也难以避免潜在的数据丢包和竞争等问题。传统组网协议包含了很多校验和双重校验的机制，以确保数据的完整性，从而最小化高额的重传代价。实际上，这些限制也造就了如今我们所熟知的协议栈，如 TCP/IP 和 802.11 等。

引入"啁啾"信号

然而，对于物联网来说，这种情况完全不同。毋庸置疑，无线和广域网带宽的成本依然很高。众多网络的边缘连接（物联网边缘）通常是无线的而且有损的，因此，任何物联网架构首先必须考虑这些因素。但是多数边缘设备的数据流量非常小，而且任何独立消息的传递都是无关紧要的。如前所述，物联网是有损的、间歇性的网络，因此，即便是错过了某段时间（甚至更长一段时间）的收发数据，终端设备依然能够很好地运行。也正是这种自给自足的特性，有效地降低了任何独立消息的危急性。

经过对各种已有选择进行评估，并深入考虑物联网的架构需求，不难发现，我们非常有必要去定义一种新的数据帧（包）。这种新的数据帧仅仅为物联网边缘设备提供必要的功能开销，我们将这种小的数据包定义为"啁啾"信号，它将成为这种新型物联网架构的基本构成要素。"啁啾"信号在很多方面都不同于传统的互联网协议数据包（参见本章专栏"IP为何不是物联网的菜"）。"啁啾"信号的基本特性如下：

- "啁啾"信号仅包含最小的开销负载、传输指向"箭头"、简单的"非唯一"地址以及适度的校验和；
- "啁啾"信号本身是一种独立的非紧急设计模式；
- "啁啾"信号不包含重传或应答协议。

为了将"啁啾"业务通过传统互联网进行传输，必须增加一些额外的功能（如全局寻址、路由等），这主要由其他网络设备进行自主处理，它们会为接收到的简易"啁啾"信号增加辅助信息。因此，在一个"啁啾"信号包内增设这些功能完全没有必要。

轻量级与一次性

与传统网络帧结构形成鲜明对比的是，物联网"啁啾"信号更像是花粉或鸟鸣，是一种轻量级的、传播广泛的信号，而且携带信息只针对其"感兴趣"的汇聚单元或终端设备。物联网是以接收方为中心的模式，而非传统以发射方为中心的 IP 模式。由于物联网"啁啾"信号量小，且独立"啁啾"信号是非致命的，当然也就无须过多地关注重传机制及其可能引起的广播风暴，然而这对传统 IP 来说却是极其危险的。

当然，有效的物联网转发节点可以对数据进行裁剪并封装（参见图 2—1 及第 4 章），来自终端设备的周期性或间歇性的广播风暴并不会造成严重的问题，因为"啁啾"信号量小（拥塞更少），且独立信号是非紧急的，必要时转发节点可能会丢弃部分冗余"啁啾"信号。

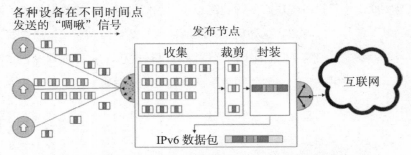

图 2—1   "啁啾"信号通过转发节点连接互联网的过程

物联网功能取舍

这种全新的组网理念在于，既然是基于轻量级组件的大规模网络，那就完全不必去考虑臃肿的数据包、发布者的安全性以及任何单一消息的可靠传递。在某种意义上，物联网可以理解为一种"雌性"（面向接收者）架构，而非传统的"雄性"IP 架构（面向发送者）。

然而，如果网络无法传递任何消息，那物联网也就毫无意义可言。那我们到底该如何管理这种公认的不可预测连接呢？答案也许会令人惊讶，仍然是"超配置"模式，但仅限于"啁啾"设备与转发节点之间的局部化超配置。换言之，这些短小精悍的"啁啾"信号可以一遍又一遍地进行重发，通过这种蛮力手段来确保其中的一些信号成功传递。

第 2 章
深度剖析物联网

RETHINKING THE
INTERNET OF THINGS

A Scalable Approach
to Connecting Everything

37

冗余效率

如图 2—2 所示，由于数据块非常小，这种物联网边缘的超配置成本是微乎其微的。这些数据通常利用本地 WiFi、蓝牙、红外等无线方式进行处理，因此，不会被任何运营商计入成本开销。这种模式有着显著的优势，既然任一独立消息都被认为是非紧急的，那就完全没必要承担任何差错恢复或完整性校验所带来的额外开销（避免出现乱码的基本校验和除外）。每一个"啁啾"消息仅包含一个地址、短数据段以及校验和。在某种程度上，这些消息本身也是 IP 数据包所需要的内容。"啁啾"在许多方面类似于简单网络管理协议（SNMP）的概念，SNMP 可通过简单的"GET"和"SET"指令进行消息获取和系统配置。

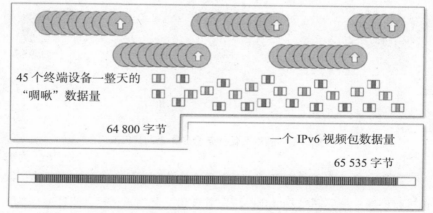

45 个终端设备一整天的"啁啾"数据量

64 800 字节

一个 IPv6 视频包数据量

65 535 字节

图 2—2 "啁啾"数据量（面向 M2M）远小于 IP 数据包（面向用户）

重要的是，产生"啁啾"信号的终端设备所承载的开销和复杂度非常低，这也是物联网必须要做到的一点。最有效的集成方案应该是"片上啁啾"模式，即在一个简单的标准化封装内，集成最基本的数据输入 / 输出和发送 / 接收等功能。

"啁啾"信号也包含了消息传送"箭头"，用以标识消息的传递方向，明确该消息到底是指向终端设备，还是指向汇聚单元（参见图 2—3）。
发往终端设备的消息，只需携带终端设备的地址即可，对于其他海量的简
易终端设备而言，消息的指向以及从何而来，它们并不关心。这些设备需
要做的只是广播和收听，对于它们来说，本地相关性才是最重要的。

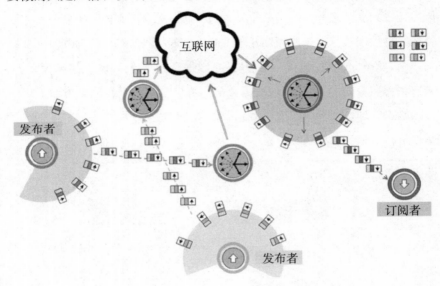

图 2—3 "啁啾"信号包含传送指向"箭头"

因此，终端设备可能沉浸于无数传输的跌宕起伏之中。它们可能持续
地进行消息广播，同时，也允许转发节点和汇聚单元对冗余消息进行删除
或忽略。同样，它们也可能接收到无数相同的消息，通过检测发现其中发
生变化的那些，并立即作出响应。

本质上，这种"啁啾"协议意味着"奢侈的"本地重传，然而，本地
带宽实际上非常廉价甚至完全免费（可以理解为"离线状态"）。既然转
发节点的设计旨在最小化冗余或重复的业务流，WAN 到传统互联网的开
销和业务也就大大减少了。

　　值得注意的是，不同于传统网络终端设备（如智能手机和笔记本电脑），物联网的绝大多数终端设备可能并不会同时具备发送和接收功能（参见图2—4）。例如，一个空气质量传感器只需要发送它所测量的当前状态，从通电开始发送，并重复发送这种"啁啾"信息，直到电源关闭为止。这样一来，就大大简化了众多终端设备所必需的嵌入式软硬件设计。

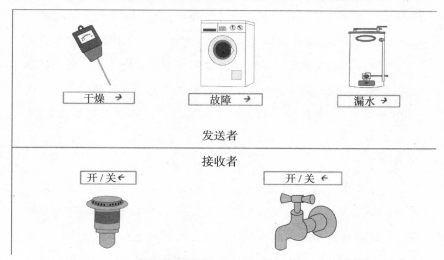

图2—4　许多物联网设备要么"只发送"，要么"只接收"

IP 为何不是物联网的"菜"

　　尽管作为传统互联网的泛在网协议，IPv6 已经问世，但它并非众多物联网业务的最佳选择，我已在第 1 章中概述了各种相关原因，包括运行协议栈所必需的处理能力和设备内存等，而物联网中的海量简易终端设备难以承受这些额外负载。另外，IPv6 协议本身的低效也是不适合物联网的主要原因之一。然而，仍然存在大量终端设备必须使用 IP，因此，开发一种兼容 IP 和"啁啾"的双重协议架构为各种物联网设备提供服务，也许才会产生最佳效果。我们有必要将传统的 IPv6 帧格式与物联网"啁啾"信号进行对比，从而在各种应用设计时更好地考虑其中存在的差异性。

早在 20 世纪 70 年代，IP 协议最初设计主要考虑的是大型主机之间的 P2P 对等通信。这种信息交互往往涉及较大的数据块，因此 IP 协议主要针对更大的信息负载。另外，在这种主机到主机链路建立之初，由于 WAN 连接极其昂贵且不可靠，所以 IP 协议中急需引入收发双方的寻址机制、差错校验以及重传等功能，从而增强链路的鲁棒性。其结果必然导致单个 IPv6 数据包的报头开销非常高，达到 40 个字节。大量的 IP 开销主要源于安全、加密以及其他相关服务，然而对于在物联网中以简易设备为主的边缘网络而言，似乎毫无意义。

尽管 IP 协议最初的设想是针对 M2M 业务的，但如今互联网的大部分 IP 业务主要还是面向人际交流。这些业务通过相对昂贵的链路来完成持续时间较长的会话，以及某种程度上的全双工交互。由于每一个数据包几乎都是人类语义理解的必要条件，所以传统组网协议必须保证高可靠性和可恢复性。

作为一种承载各类数据的通用设计协议，IP 协议必须在每次传输中增加那些额外开销。IP 协议的报头结构定义严格，绝大多数是不可修改的，毕竟标准就是真理。

IP 协议建立了最大传输单元（MTU），用以指明某一链路所能承载的最大数据包大小。IPv6 支持 1 280 字节 MTU，目前大多数网络的 MTU 值甚至达到 1 500 字节之多。P2P 主机业务通常需要进行应用管理，将较大的数据包根据 MTU 进行块匹配，从而最大化传输效率。

使用限定大小的数据包，IP 开销在整个传输"代价"中所占比例较小。例如，40 字节的 IPv6 报头开销加上 1 280 字节的 MTU 产生大约 97% 的效率。实际应用中需要为每一个接收包发送一个应答包，因此开销通常会翻倍。即使没有数据负载，IPv6 的应答包也至少达到 40 个字节（在主机到主机环境中，通常也存在一些需要返回的数据，因此这种开销并非总是浪费）。

然而，物联网绝不可能完全由主机之间的 P2P 通信来构造，因为物联网"啁啾"是面向 M2M 的业务，数据量小，循环周期低，通常是偶发性的、单一性的、无限定的数据流。物联网采用的是一种"发布/订阅"模型，简易终端设备只收发极少量的数据，而且某一时刻的独立数据通常是非关键的。例如，一个温度传感器的输出数据可能只有 8 个比特甚至更少，将很多类似的应用进行整合，总的数据"负载"也不过 1 个字节左右。假如将 IPv6 协议引入这些应用中，40 字节的 IPv6 报头加上 1 字节的传感器数据，总效率却只有约 2%。

开销 =40 字节（IPv6）

IPv6

啁啾

开销 =3.5 字节

比较：承载 1 字节负载的数据包总长度

图 2—5　TCP/IP 与"啁啾"之 1 字节负载效率对比

"啁啾"信号的设计可以使此类数据的开销最小化，例如简化地址，减少重传开销等。最为重要的是，"啁啾"信号的结构可以根据终端设备产生的数据类型和大小进行调整，从而确保效率最大化。考虑一个最小的"啁啾"包（共计 4.5 字节，开销 3.5 字节）

用于发送 1 字节的负载，其效率增益也超过 IPv6 一个数量级之多（18% 对 2%），参见图 2—5 中的对比。

显然，数据负载越大，"啁啾"数据包的效率就越高，其报头开销也会随着特定的应用而有所递增（详见第 6 章）。例如，对于 4 字节的终端设备负载，报头开销依然是 3.5 字节，所产生的效率将超过 50%。

"啁啾"与 IP 数据包之间的另一个关键区别在于，"啁啾"信号可以通过外部标签进行自分类。如此一来，汇聚单元就可以通过分析"已知"数据源的相关性，从而更容易地确定感兴趣数据流。然而，如果通过 IP 协议来实施这一任务，则要在负载中增加分类信息，同时转发节点和汇聚单元需要对每一个数据包进行不切实际的深度解析。

因此，在物联网的"最后一公里"边缘网络，"啁啾"协议完胜 IPv6。然而，边缘网络之外则另当别论。例如，转发节点之间以及转发节点到汇聚单元之间的通信，可能与主机到主机通信更为类似，因为其传输数据包含了众多终端设备产生的"啁啾"数据包（需要交互的数据量也随之增加）。在这种情况下，差错校验及相关 IP 协议功能才能更好地发挥作用（详见第 4 章）。由于此类通信通常采用传统互联网作为传输媒介，显然使用成熟的 IPv6 协议栈更为合理。

此外，一些较为敏感和专属的应用（如政府、安全、金融等）当然还需要额外的 IP 功能来保证安全投递和提供隐私保护等。此类应用不在本书所定义的物联网之列，依然属于传统协议范畴。

一切都是相对的

　　"啁啾"数据包的详细结构将在第 6 章中作进一步分析，在这里，我先进行必要的概述。物联网数据包与其他帧格式之间的关键区别在于，包内的数值含义是相对的，即数据包的定位头、地址等可以灵活定义（而 IPv6 并非如此）。

　　如图 2—6 所示，使用标签 "_markers" 取代固定的格式，从而允许接收设备自己来决定所需信息，例如发送地址、传感器数据类型、传输指向 "箭头" 等。这些标签既可属于 "_public_" 公共类，也可属于 "_private_" 私有类。

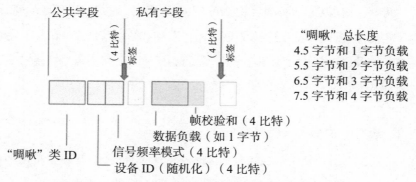

图 2—6　物联网 "啁啾" 数据包可通过标签灵活定义格式

　　每一个物联网数据帧都包含公共标签，这样接收设备就可以对输入业务进行 "解析"。当接收设备发现某个公共标签时，它会首先检查标签前后的专用比特位，然后决定如何转发剩余的数据包或执行相应的任务。除非公共标签指明数据类型和定位，否则接收设备并不需要对数据包进行分析。公共标签主要包括之前描述的基本传输指向 "箭头" 以及 4 比特帧校验数据和等。数据区中那些非路由和校验信息的比特，通常可以简单地视为数据负载。

格式灵活

由于物联网"啁啾"帧格式中存在公共标签，数据包长度根据某些因素的不同可进行必要的变化，例如，考虑特定应用、设备类型或消息格式等因素。按照不同数量的公共数据区，物联网数据帧可定义成不同的类，这样对于那些需要额外背景的应用，就可以在数据包中增加必要的信息。同时，对于物联网的大多数基本设备和数据传输来说，也有利于使开销最小化。

公共标签的应用灵感来自大自然，也包括DNA基因的遗传信息转录或"阅读"。DNA链可能包含重叠和"垃圾"序列，造成难以读取的现象，然而定位标签可以为基因转录指明"起始"和"结束"位置。同样，物联网接收设备通过公共标签对"啁啾"帧进行解析，并且不需要特定的字节计数或其他任何产生开销的限定。

私有标签可定制、可扩展

在公共标签所定义的通用数据区内，私有标签允许根据特定应用和制造商等自定义数据格式。与公共标签类似，私有标签也能协助接收设备进行数据流解析，从而定位具体需求信息。

寻址与"和谐"

如前所述，海量的物联网终端设备通常非常廉价，其制造商遍及全球，它们绝大多数都毫无组网意识。因此，若要通过集中式地址数据库对海量设备进行唯一寻址，显然是不切实际的。

物联网"啁啾"帧的部分公共字段指定了简洁的、非唯一的4比特设备 ID，它是通过 PCB（印制电路板）布线、硬件连接、拨码开关等类似的途径进行设置的。如第 6 章所述，设备 ID 还将与一个随机生成的 4 比特数据相结合，以确保两个连接到同一本地转发节点的终端设备不会出现相同的标识。这种比特组合还被用于无线环境中改变传输速率，以避免出现"死锁"现象。

如果在一些特定应用中要求特殊的寻址方式以及安全级别，通常可以在物联网数据帧的私有字段增加相关信息。

"啁啾"分类

物联网数据帧所包含的公共信息属于 255 个可能的"啁啾"分类之一。如第 6 章所述，这些分类主要按照品种和应用进行划分，例如各类传感器、控制阀、状态指示灯等。这些"啁啾"类的定义范围从通用到具体，完全可以满足任何类型的物联网应用。对于不同尺度分类的某些特定应用或设备，可以在数据区内通过私有标签创建自定义信息。

"啁啾"帧分类为物联网创造了一个最为深远的价值，即数据分析能力，支持通过信息社区的相关性去寻觅新的数据源。由于分类信息属于"外部"资源，诸如转发节点和汇聚单元之类的众多物联网组件都可对其进行识别并执行相应任务。

例如，利用这种方式，正在某输油管道上监控压力传感器的汇聚单元，可以搜索附近的温度传感器，通过分析它们之间的相关性来获取更为丰富的信息。"啁啾"帧的分类蕴涵了潜在的信息资源，这些资源能进一步被解析并与其他信息融合，随着"啁啾"数据流的转发而遍布整个网络。

无论发送传感器的安装时间、制造商或应用如何变化，"啁啾"帧的功能依然奏效。随着物联网动态"发布 / 订阅"关系的建立和更新，"公共"类选项支持"啁啾"数据流对其进行更广泛的应用（复用）。

这种方式的好处在于不会增加终端设备的负担，毕竟物联网的大部分终端设备设计简易，它们接收"啁啾"帧仅需处理最基本的协议元素，例如，通过公共标签来识别发给自己的数据包，并提取所需数据。物联网的一些组件（尤其是转发节点和汇聚单元）需要为众多终端设备提供路由和数据解析功能，因此，"啁啾"帧的功能特性得到了更为广泛的应用。转发节点和汇聚单元将在下一节简要概述，具体细节详见第 4 章和第 5 章。

转发节点的网络智能

即便是再高效的"啁啾"协议业务，如果在物联网中不加选择地复制转发，无疑也会造成网络的严重拥塞，因此，在终端设备层之上需要引入智能化管理。"转发节点"应运而生，建立起了重要的网络拓扑结构，为物联网 M2M 机器交互之海架起沟通的桥梁。

转发节点是一种典型的软硬件协同组合，有一点儿类似 WiFi 无线访问节点。它们只对"本地"终端设备负责，这就意味着，转发节点仅在自身无线覆盖范围内与终端设备进行必要的信息交互。转发节点主要用于接收来自各种各样终端设备的"啁啾"信号。可想而知，像拉斯维加斯这样的城市可能需要几万甚至几十万个这样的转发节点。转发节点利用它们的邻域信息绘制了一幅网络特写图。它们可以定位覆盖范围内的其他转发节点、终端设备和汇聚单元，既能与汇聚单元直接相连，也可通过其他转发节点进行中继连接。这些信息可用于创建整个网络拓扑结构，有助于消除死锁，建立高效的通信链路。

转发节点在将消息传递给邻域节点之前，需要对各种"啁啾"消息进行智能化封装和裁剪。首先检查公共标签、校验和以及传输"箭头"（指向终端设备或汇聚单元），然后丢弃受损的或冗余的消息。经过同一邻近节点传输的成组消息，通常可以封装成一个"元"消息（一段数据流）进行有效地传输，"元"消息到达目的地后会被解包，也可能再重新封装转发。

　　某些转发节点还包含一种软件发布智能体（参见第 4 章），这种发布智能体与特定的汇聚单元进行交互，进一步优化数据的转发。具备发布智能体功能的转发节点可能更"偏向"于某些特定方向进行相关信息的转发，这种"偏向"通常源自汇聚单元的路由指令，也表明了汇聚单元更渴望与某些特定功能、时间段或地理"社区"的终端设备进行交互（汇聚单元定义的"社区"将在第 5 章进一步阐述）。汇聚单元根据自身的需求来引导整个通信流，通过物联网终端社区来获取数据，或者为其设置参数。

　　转发节点和汇聚单元在检索新的终端设备方面与传统组网架构非常类似。当新终端设备的收发消息出现时，转发节点发送这些消息，并将地址存入路由表（参见图 2—7）。老化（超时）算法可将某些已经离线或只是路过的设备从路由表中清除掉。

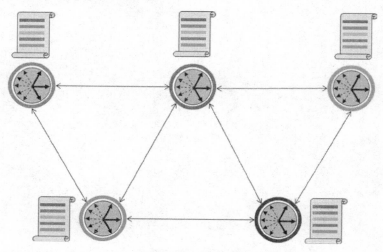

图 2—7　转发节点依靠邻近节点创建路由表及网络拓扑

传输和功能架构

　　新的物联网架构主要由两个完全独立的网络拓扑结构组成：传输架构和功能架构，如图2—8所示。传输架构主要是指用于业务传递的基础设施，由转发节点和互联网组成；功能架构主要是指由汇聚单元所创建的虚拟化感兴趣"区域"或"社区"，其独立于物理路径。

　　物联网的传输过程不需要（很少）考虑"啁啾"数据的实际背景意义。转发节点在构建传输层网络时，主要还是依靠更为传统的组网理念和路由算法（参见第4章）。终端"啁啾"设备可以通过多种途径与转发节点进行连接，如通过无线射频或光通信（参见本章专栏"无线世界之啁啾"）、电力线组网、物理直连等方式。单一转发节点能够连接大量"啁啾"设备，并为之提供服务，其基本工作模式为"混杂转发"，只有当汇聚单元下达路由指令时，转发节点才进入"偏向"性状态。

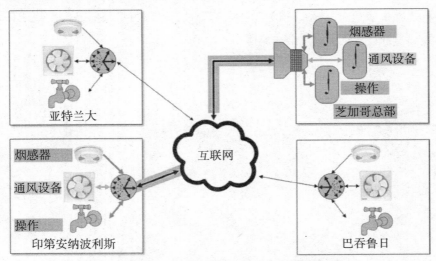

图2—8　物联网的网络拓扑与逻辑拓扑各异

　　转发节点对"啁啾"业务进行必要的封装和转换，转发给邻近节点，然后传输给汇聚单元或"啁啾"设备。转发节点之间的连接是典型的传统组网协议（如 TCP/IP），但也可能是基于"啁啾"协议的连接。

除了传输简单的"啁啾"信息之外，转发节点创建的高层协议包还集成了附加的场景信息，其中可能会包含与位置、时间及其他因素相关的地址信息等，如图 2—9 所示。因此，转发节点虽然增强了"啁啾"数据流的实用性，却丝毫没有给海量终端设备造成任何组网负担。转发节点建立了这些附加的情景信息，随后的解析由汇聚单元来完成。

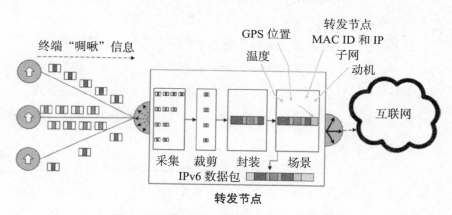

图 2—9　转发节点对"啁啾"信息进行封装

物联网传输架构与传统网络之间的重要区别在于，它基本上是一种平等的模式，就好像风携带着各种类型的植物花粉一样。在考虑可信、通信和控制等因素的基础上（详见第 6 章），转发节点可在任何终端设备或汇聚单元之间收发物联网数据业务。物联网很好地"融合"了现有的基础设施，而且每个新的转发节点也能根据不同的用户和汇聚单元来更新自身的功能。然而，物联网的传输网络拓扑架构并没有创造（或限制）功能网络拓扑，下一节将讨论汇聚单元是如何构建功能网络拓扑的。

无线世界之啁啾

物联网通信涉及的另一方面主要是无线组网的问题，众多终端"啁啾"设备通常采用无线连接方式，而且频率和制式各异。这个事实貌似需要我们提出一种类似 802.11 的 WiFi 无线连接，采用带冲突检测的载波监听多路访问（CSMA/CD）技术。然而，不要忘了WiFi 毕竟属于传统组网的范畴。

而且，"啁啾"数据率非常小，大多数独立的传输并不是非常关键的数据。即便是在通信竞争激烈的场景下，数据的总体循环周期也非常低。另外，大多数消息是重复的，这也是边缘网络通过重复进行的一种"超配置"原则。实际上，偶尔的一次冲突几乎是无关紧要的，但一定需要避免的是"死锁"现象，也就是说，多个设备完全忽略其他设备的存在，在同一时刻持续发送数据，从而造成反复的冲突。

解决途径是为每一个设备制定简单的随机发送次数，在数据传输之间建立连续变化的间歇过程，可以通过素数、哈希表或其他方式来获取时变的传输事件。

尽管这种通信机制与传统网络协议有很大区别，但对于物联网来说也必须如此。物联网的架构设计准则是，以非常低的成本和复杂度提供足够的通信连接，对于物联网来说，"够用的就是最好的"。

功能网络拓扑

前面讨论了传输网络架构，它能为"啁啾"业务提供双向传输服务，"下行"指向终端设备，"上行"指向汇聚单元。这一节我们重点关注功能网络结构，它其实是叠加于传输架构之上的，类似于花粉传播叠加于大气风流之上。

　　物联网的功能架构并不是关注"链路"（物理的或虚拟的）如何形成，而是更多地关注感兴趣的信息。这种新的物联网架构建立在汇聚单元所驱动的一种"发布／订阅"模型之上，也是一种面向接收者的模式，主要由传输"箭头"所指向的远端设备自己来决定哪些数据是相关的而且是有用的。

源于汇聚单元

　　这一节对汇聚单元进行了简要介绍，更多细节详见第 5 章。汇聚单元可能有多种物理形态，多个逻辑汇聚单元可以开发成一台与互联网相连的设备（通过过滤网关）。从功能的角度来说，汇聚单元自主建立了一组选定终端的逻辑关系。

　　例如，假设一个汇聚单元负责监控某个农场区域的湿度信息，如图 2—10 所示，湿度感知终端设备每隔一段时间广播"啁啾"信号，用以表征周围土壤的水分含量，这种微型"啁啾"数据的传输"箭头"指向了汇聚单元。

　　农场部署了转发节点用于接收这些"啁啾"信息，如前所述，转发节点将这些信息进行封装，集成了附加的场景信息，例如 IPv6 地址和位置信息，这样有助于对某个特定的传感器进行更精确的定位和识别。转发节点所构成的传输架构实际上通过传统互联网"发布"了这些数据流。

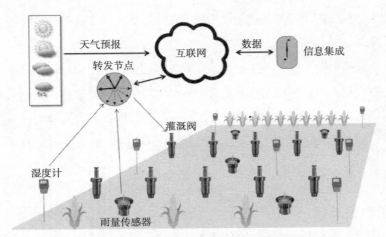

图2—10　汇聚单元监控湿度信息实现智能灌溉

从物联网获取信息

前面介绍了一种虚拟专用传感器网络，某农业供应商安装自己的终端传感器转发节点，然后利用互联网创建路由链路，并对网络实施监控以获取专属利益。有许多物联网大数据"社区"都是通过类似的方式而创建的。然而，还存在另外一种潜力巨大的待建网络，其数据业务来自物联网的各种组件，但这些组件并非由某一家供应商单独管理和控制。

在西方世界兴起的社交网络文化中，"众包"① 和"数据共享"的理念已经司空见惯。鉴于此，某些个人或组织可以选择本地安装传感器、摄像头及其他各种设备，这些设备能够向公众公开提供各类物联网数据流。如今，已有许多个人或团体使用网络摄像头、气象传感器等设备，通过传

---

① 众包（CrowdSourcing）的概念是在2006年美国《连线》杂志记者杰夫·豪（Jeff Howe）所提出的，即"企业将过去由员工执行的工作任务，以灵活的形式外包给非特定的（大型的）大众网络的做法。"如今"众包"已成为备受青睐的创新商业模式，有望掀起新一轮互联网高潮。——译者注

统 IP 互联网协议发布各种业务。

　　设置为"混杂转发"模式的转发节点，通常只是简单地将"啁啾"帧朝着汇聚单元的方向转移。转发节点也可能同时被用于转发专用数据流和公共数据流，可谓为共同利益而传输。

　　汇聚单元通常只从感兴趣的终端设备那里收集数据，这就需要它对表征特定类型、位置及其他相关特征的小数据流进行分析。这些汇聚单元能将来自众多终端设备的小数据流进行融合，并创建新的感兴趣大数据信息。

编程与"偏见"

　　人类对汇聚单元的编程，可指导其通过互联网来检索某些位置特定类型的数据流，汇聚单元也能通过对已知数据源之间的相关性分析来识别感兴趣的候选业务流。例如，通过互联网定位所需的湿度传感器数据流之后，汇聚单元就开始接收这些数据并进行数据整理。汇聚单元甚至可以让转发节点内部的发布智能体产生"偏见"性，从而更有效地将"啁啾"流融合进更大的数据帧中，同时丢弃冗余信息流。同样，过滤网关也有助于从各种冗余信息流中选择和整理数据，第 5 章将进行更详细的讨论。

　　例如，汇聚单元的设计程序能够整合表征"含水量"的数据流，并从中发现超出阈值的"干燥"异常点。另外，天气预报、空气温度及储水水位等数据资源（既有基于"啁啾"的数据源，也有来自互联网的数据源），也可与湿度信息进行融合，从而为当前及未来一段时间提供一幅更加完整详细的灌溉需求信息图。

　　最终的生成报告可为人类决策提供参考。另外，在自动化程度更高的场景中，汇聚单元能够通过自身程序产生响应，改变某些特定区域的灌溉次数和持续时间（假设灌溉阀也受物联网控制）。在此应用中，汇聚单元还可以进一步分析视频监控流，以确保喷水装置正常工作。

物联网的功能网络可通过任何传输拓扑进行互联，那么农业企业就不需要增设专用网络来建立传输链路，完全可以利用传统互联网为大部分传输基础设施提供服务。企业只需视具体情况部署湿度传感器和一些专用转发节点即可。

这仅仅是不计其数的物联网应用中的一个案例而已。但是其基本应用原则值得推广，即边缘网络的简易设备、"发布/订阅"模型、公共网络传输资源的利用以及多源数据融合等。

面向接收者的选择

雌性植物只会"选择"来自同一物种的正确花粉，并拒绝异类花粉、尘埃或其他物质。按照同样的方式，汇聚单元也会有选择地处理"啁啾"数据流，并将其作为进一步分析的对象。

汇聚单元可通过程序去配置和控制终端设备产生各自的"啁啾"业务流，这些数据流被封装了路由信息之后，可通过传统互联网发送到靠近目标终端的某个转发节点上。那些数据包携带着表征传输指向的"箭头"，被传输到合适的转发节点（典型的IPv6数据帧），然后作为物联网"啁啾"业务输出。汇聚单元将遍及各处的终端设备"啁啾"数据组合在一个广播包中，接着由中间转发节点对其进行必要的裁剪和再广播。

终端设备能够"收听"各种业务流，但由于其面向接收者的选择特性，它们只针对那些与自己相关的特定业务作出响应。如前所述，中间路由和寻址信息主要由转发节点提供，而终端设备只需检测简单的"啁啾"地址即可。

第3章我将详细探讨面向终端设备的物联网架构，也包括建议的实施策略和备选方案。

RETHINKING THE INTERNET OF THINGS

A Scalable Approach to Connecting Everything

边缘效应

　　尽管骨干网的架构一直备受关注，然而网络部署的"真正驱动者"却是那些边缘网络设备。这一观点看上去似乎有些荒诞不经，然而细想一下桌面体系架构，诸如双绞线以太网和无处不在的 WiFi 等，若非这些传统组网技术被嵌入硅片之中，而且几乎免费提供给畅销的计算机和智能手机，那就很难取得突飞猛进的发展。

　　纯粹是数量上的原因，这种"边缘效应"才得以放大。在绝大多数网络中，终端的数量要远远超出组网设备很多个数量级。从成本、部署和产品生命周期的角度来看，有一点是不容置疑的，即在终端网络就绪之前，网络体系架构还仅是理论而已。

　　这些因素甚至更直接地影响到物联网。如图 3—1 所示，海量的网络化终端最终将远远超过全球人口总量。然而，与任何其他网络部署不同的是，物联网终端应当是超低成本的、自治性强的，而且绝大多数情况下不需要人类的指挥与控制。

充斥着海量设备的世界

　　对于多数人来说，提及物联网总会联想到智能手机、笔记本电脑和一些类似的面向人类的智能化设备。然而事实上，我们统计的大部分物联网设备主要包括污染传感器、柴油发电机、空调系统、建筑照明元件等相对简易的装置。那些人们所熟知的"亲密接触"型计算设备主要还停留在传统互联网中，而物联网将会延伸到那些过去"从未联网"的网络边缘设备。

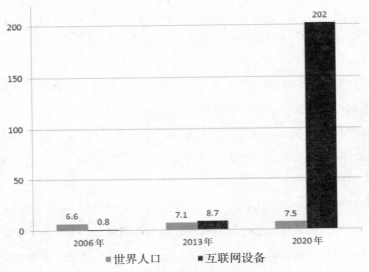

图 3—1　物联网设备指数级增长趋势

　　由于此类设备从未与网络进行过连接，可利用的技术模型也相当有限。随之而来的连接性挑战也相当大，如有限带宽、有损连接、间歇性链路以及掉电中断等。另外，终端设备时而移动，时而静止，时而出现，也可能随时消失于网络之中。但最大的挑战是如何对这种海量规模的终端设备进行部署和管理。

　　如图 3—2 所示，物联网设备实质上可以是任何依靠电信号（或者通过热能、运动、光能等转化为电信号）运行的物质。物联网设备可能会安装在全球无数的工厂和商店里，当然，也可以通过各种渠道进行采购。目前，还没有任何成熟的（或构想的）技术或商业模式能够完全管理这种分布式的、混杂的全球供应链。

图 3—2　物联网世界千变万化的终端设备

旨在无人值守的物联网系统

正如图 3—3 所示的鱼群一样，物联网设备必须能够独立自主地进行运作。只有从外部视角来观察时，这些设备才可能会呈现一种协调性。当某个物联网设备通电激活或触发时，它才会发出自身数据或者去监听相关数据，然而这种数据收发对物联网设备的核心功能并没有任何影响。

图 3—3　鱼群既可协调运动，也可独立存在

例如，不管路灯的状态信息是否被监控中心所接收，它们都会随着阳光的变化而开启或关闭。发电机会坚持不懈地创造数千瓦电能，而无须去"理会"是否有人在分析它们广播的润滑剂黏度信息。物联网边缘的组网毕竟是有损耗的、间歇的以及不确定的，因此，应尽量避免通过端到端的数据通信造成设备不必要的"痉挛"。

我们需要意识到，物联网实际上只是"间接地"与人类进行信息交互。绝大多数的通信主要发生在机器与机器之间，例如，终端设备与汇聚单元之间通过有损的、间歇性的链路进行信息交互，通常这种链路是指类似转发节点的通信中继。而人类主要与汇聚单元进行交互即可，通过检索报表或设置参数对远端设备进行操控。对于那些实时性强、任务紧急或面向用户的信息交互，依然主要利用传统互联网和其他成熟的"可靠"组网协议。

由于物联网的绝大多数终端设备运行与网络连接性无关，如前所述，独立的数据消息完全是非紧急的。那么，终端设备可以在供电不足时停止数据的收发，无线链路也可以存在非常微弱的连接甚至间歇性中断，太阳能供电设备及其他网络组件也可以完全"进入休眠"状态，总之，其他类似的组网现状在边缘网络也都是可以容忍的。

临时的自组织设备

实际上，整个物联网终端设备以网络形式存在可能是临时的而且短暂的。例如，因特定任务而部署的一次性智能"微尘"，其发送数据的周期取决于有限的电池寿命。类似的传感器网络可能只是为了测量入侵者脚步带来的压力变化情况，以此作为在某个设施周围布置的临时防护报警器。因此，避免传统协议开销所存在的成本、体积和节能等因素是非常重要的，它们也促使海量设备之间形成更为简洁的"啁啾"网络架构。

应对不确定性边缘

物联网需要解决的重要问题之一是如何对终端收发消息进行寻址。这个问题在第 2 章中进行了简要讨论，更多细节将在第 6 章中涉及，其中探讨了三种主要的物联网寻址概念，包括带外部标签的终端设备自分类、终端设备的绝对地址唯一性无担保，以及依据环境推理的终端设备地址。这些基本方法使得那些不协调的终端设备"群"扩展成为全球性物联网。

以数量增加可靠性

尽管物联网通常基于这样的一个事实，即独立的终端设备可能保持一种有损的、间歇的以及不可靠的连接，但我们仍会发现另一个有趣的现象，即通过大量独立的"不可靠"信息源又能建立"可靠"的信息。

考虑如图 3—4 所示的应用案例，在高速公路桥的不同位置，分布着成百上千的应变式传感器，通过无线方式采集传感器数据，并转发到汇聚单元，从而形成对路桥的状态监测。然而，若要为每一个传感器都提供外部电源几乎不太可能，既然如此，更现实的方法是利用"太阳能"为大部分设备供电，当然也可以通过桥上安装的路灯对其进行供电。

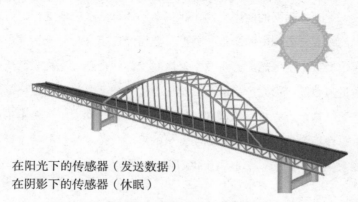

在阳光下的传感器（发送数据）
在阴影下的传感器（休眠）

图 3—4　路桥上分布的应变式传感器提供状态监测信息

　　随着太阳的移动,不同的传感器在当天的不同时段接收着阳光的照射,其中位于阴影区域的传感器会停止传递数据,而其他被阳光所照射的传感器则开始广播自己的状态。数据传递过程偶尔也可能会因过往车辆的遮挡而中断,虽然没有任何一个传感器能完全保证在任意特定时刻都处于激活状态,但总会有其他的数百个传感器依然在广播着数据。

　　这完全是靠终端设备的数量规模形成的一种"超配置"模式,通过信息汇聚使得网络更为稳定和可靠。当然,这种性能也可依靠具备高稳定性的复杂传感器设备来实现,但显然有些不切实际而且成本不菲。另外,汇聚单元可以对各种互不相关的设备进行信息分析与处理,从中检测出潜在的异常或趋势,如供电故障等。

是什么让物联网的 M2M 世界意义非凡

　　这一节,我们有必要再简略地讨论一些案例,并说明数据流到底是如何在简易的终端设备之间传输的,又如何使得物联网的 M2M 世界变得如此有意义。关于物联网的应用案例,我将在第 7 章更系统地进行探讨。

　　当无数终端设备产生的海量"啁啾"数据经过整合与分析,并最终通过集成产生携带丰富信息的"小数据"流时,你就会感受到物联网所带来的真正力量与效能。由此产生的小数据流继续"往上"渗透,最终汇聚成大数据信息。这个过程正是物联网应用的一个核心驱动力(也是本书的灵魂所在)。在汇聚单元中进行存储与分析的终端设备"啁啾"帧,能让我们看到物联网的广阔前景,也能让我们积累更多经验。

专用网络的终端设备

在前面提及的路灯案例中，每个路灯的"开/关"状态以及"正常/故障"状态可以通过其内部的发射模块反复进行传输，这些数据由一个甚至多个转发节点进行采集。"啁啾"帧的通信可以采用无线方式，也可以利用电力线低速调制方式。位于街道网格中心的转发节点采集这些"啁啾"数据，它们可能会忽略其中的冗余传输信息（或减少冗余数量），然后再将数据进行封装转发给某个汇聚单元。转发节点还会增加一些终端设备无法提供的情景信息，例如时间、天气、位置等。

融合的数据通常会被封装在一个 IP 数据包里，然后通过转发节点发送给汇聚单元（详见第 4 章）。这个过程主要通过传统互联网、专用广域网或异构网络来完成。

汇聚单元通常是指运行在通用处理器上的软件系统（详见第 5 章），可用于接收整个城市路灯的"啁啾"数据。通过对这些"小数据"进行时间片或状态快照的分析和融合，可进一步扩展大数据视野。假如某个路灯出现故障，状态参数超过预设的阈值，汇聚单元将产生报警信号并向人们报告需要采取的措施，甚至还可以通过调度软件的集成增设故障调度灯，自动安排维修工人进行抢修。通过这种方式，即便是那些哑设备所产生的数据也可成为强大的系统管理工具。

增强可扩展性

在前面的案例中，我们对网络采取了合理的隔离措施，实际上，"啁啾"协议使得这种模式更为安全（详见第 6 章），这也是我们所期待的结果。简易终端设备产生的"啁啾"数据，经过相应的可扩展配置，完全能够胜任众多的潜在应用。

绝大多数终端设备所产生的数据只是携带通用的公共标签（参见第 2

章）进行传输，任何汇聚单元都可以对公共标签进行解析，从而更好地识别终端设备的类型（如湿敏元件、温度计或应变仪等）。

从"小数据"中提取新的价值，其中关键的因素在于，汇聚单元能够处理包罗万象的"互不相关"数据源，这也正是与传统互联网的端到端 IP 会话截然不同的地方。汇聚单元可以执行一种类似"随机游走"[①] 的多变行为，基于对"世界上任何地方"的某些趋势和事件进行抽样，汇聚单元能够以一种偶发性方式对各种各样的终端设备实现数据采集。"啁啾"外部自分类机制有助于物联网的所有组件更好地识别潜在的感兴趣数据源（但事先未知）。

例如，将诸如风速、方向传感器、气压计、温度计等数千个传感器数据进行融合，再结合公共区域天气预报，就可能对潜在的龙卷风形成过程进行很好的定位，这能给我们带来巨大的帮助。尽管这些终端设备数据源并非集中管理和控制，但汇聚单元能够很容易地找到它们，并把它们加入到一个不断增长的数据输入集中。

物联网架构必须能同时处理专用或通用数据源，因此，随之产生的"啁啾"协议既能公有，也可私有（见第 2 章）。某些来自终端设备的数据流实际上可以被多个互不相关的汇聚单元使用，这也是转发节点在封装和发送"啁啾"帧时必须考虑的一个因素（详见第 4 章）。

状态产生"啁啾"

对于物联网中的大部分设备而言，仅仅有很少的数据量需要用于更高

---

① 随机游走（Random Walk）是一种数学统计模型，1905 年由卡尔·皮尔逊首次提出，其概念接近于布朗运动，用来表示不规则的变动形式所形成的随机过程。——译者注

层的分析。如前所述，简单的"开／关"或"正常／故障"状态可能是终端设备所提供的唯一有用信息。另外，诸如湿敏元件、温度计等类似的传感设备也可能提供一些简单的电压差或电流读数等信息。

　　此类简易设备本身的数模接口也同样非常简单，理想情况下，利用集成芯片能很容易地监测电压状态（或类似状态），并通过非常简单的逻辑单元即可产生"啁啾"信号，因此，大部分终端设备根本不再需要复杂的处理器、存储器及相关计算功能。

　　更重要的是，这意味着完全不需要再为无数现有的"未联网"设备、装置或机器提供"重新设计"，而是通过终端设备已有的接口或电路连接，来提供产生"啁啾"信号所必需的信息。

　　这貌似又一次与传统互联网的思维相违背，因为传统网络的终端设备必须具备产生数字信号（数据帧或包）的所有功能。然而，物联网的运行更多还是沿用遥感技术的路线，如图 3—5 所示，某些状态和条件的编码尽可能简化之后再进行传输。

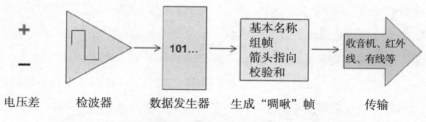

图 3—5　终端设备的基本物理状态被转化为"啁啾"帧

　　我们当然也希望能创建一些标准化的"啁啾"帧格式，从而更好地处理一些诸如"开／关"、"红／黄／绿"等通用的状态或条件。

"配置"终端设备

前面讨论的很多终端实例中，大部分传感器或设备仅仅广播自己的运行状态，并不会"收听"任何信息。尽管物联网中的众多设备都采用类似的工作模式，但还有无数设备可能是"只接收"或"双向收发"设备。

此类设备所需的信息通常是由汇聚单元产生的，然后通过转发节点"下行"（指远离汇聚单元的方向）传输给这些终端设备。转发节点可能直接通过 IP 连接到汇聚单元的宿主机（通用计算机硬件），但更常用的方式还是通过互联网进行传输。

如前所述，"啁啾"的传输方向是由封装在 IP 内部的"箭头"标签来决定的，汇聚单元产生这些"啁啾"帧主要依据内部程序设计、预设报警条件或汇聚单元之间的交互进程等。在到达目的地时，"最后"一个转发节点会对 IP 进行解封装，然后生成终端设备所需的"啁啾"信号。

既然很多目标终端设备都是非常简易的装置，那"啁啾"本身也应该搭载非常轻量级的负载。实际上，这些终端设备"啁啾"类似于简单网络管理协议（SNMP）的"SetRequest"，然而，与 SNMP 的关键区别在于，物联网终端设备既不需要对"啁啾"的某个动作进行应答，也可以不接收某个单独的"啁啾"，从而使整个网络的协议开销大大减少。

正如终端设备通过网络"上行"传输"啁啾"一样，"下行"传输的"啁啾"也会进行简单的重复。由于每一个独立的"啁啾"非常小，转发节点可以有效地控制这种重复传输，因此不会造成整个广域连接的业务阻塞，而且这种通过重复获取的"超配置"成本也相对较低。对于那些存在应答交互的应用，例如汇聚单元必须确认其所发送的"啁啾"是否奏效，这时就需要如图 3—6 所示的双向收发终端设备。

图 3—6　汇聚单元与双向收发终端之间的"啁啾"信息交互

　　例如某个过程控制场景中的阀位设置，在必要时，双向收发终端既需要接收"啁啾"，也需要连续发送"啁啾"来报告阀位。以此方式，汇聚单元只需要重复发送阀位移动指令，直到最终收到终端设备发来的"啁啾"报告，表明阀门目前位于正确位置。

　　任一独立传输的不可靠性都说明这种物联网"啁啾"协议对于实时性要求较高（尤其是紧急或危险任务）的应用并不是最佳选择，当然，传统的互联网及相关组网协议可以继续用于应对类似的应用。然而，对于海量的终端设备来说，"啁啾"协议的确能够提供"足够好"的服务，而且能够大大降低因带宽、处理、存储等因素造成的成本开销。

　　最终，通过汇聚单元可以建立感兴趣"社区"，其包含了来自物联网"啁啾"终端设备的数据流（由转发节点进行 IPv6 转换），同时也包括更多通过 IPv6 进行的复杂终端设备通信。信息提取与分析主要在汇聚单元内完成（详见第 5 章）。

丰富的连接

　　很多关于物联网的论述通常会认为无线连接主要依靠 WiFi、蓝牙等诸如此类的传统组网机制，当然，尤其对于转发节点之间以及转发节点与汇聚单元之间的连接，这种方式也许是完全合理的。然而，终端设备的连接可以千变万化，其中有些连接相当复杂，也有一些非常简单。更多细节可以参考本章专栏"无－线与无线"。

对于家庭或企业而言，终端设备与对应转发节点之间通常主要利用铜介质进行连接，其中有些是专用布线，而实际上利用现有的铜线基础设施往往更具成本效益，如电话线、数据线以及交流电力线等。由于大量终端设备都需要接入交流电源（转发节点也是如此），在很多情况下，我们自然而然可以充分利用这一特点。如前所述，物联网数据业务量并不大，因此，已有的交流电力线载波芯片及通信协议（如 IEEE 1901）可以为物联网通信提供足够的带宽容量。

大多数物联网终端设备的数据率和循环周期都非常低，因此还可以考虑其他潜在的现有技术（参见表3—1）。例如，在家庭环境中，红外之类的开放式光通信技术使用广泛，尽管红外通信主要用于遥控家庭娱乐设备，但类似开源 Linux 红外遥控（LIRC）的组网协议也许能成为物联网"啁啾"组网的低成本备选方案（参见本章专栏"无－线与无线"）。

无论采用哪种连接技术，终端设备产生的"啁啾"消息只需要传递到某个转发节点，然后进行必要的裁剪和封装，并通过传统互联网将这些业务传输到汇聚单元。

表 3—1　　　　　　　　　物联网终端设备的通信数据抽样汇总

应用 / 设备	模式 1	啁啾大小（字节）	频率 /分钟	重复率	数据率（kbps）	传输方式 2
环境传感器（温度、振动、压力、湿度等）	S	4.5	1	90%	<1	ZBIW
照明监控	B	6.5	1	90%	<1	PW
家用电器	S	4.5	<1	99%	<1	IPZB

（续表）

应用 / 设备	模式 1	啁啾大小 （字节）	频率 / 分钟	重复率	数据率 （kbps）	传输 方式 2
库存 / 供应链	S	4.5	1	95%	<5	RZW
视频监控 （待机模式）3	B	4.5	60	99%	5	WZC
智能标识	R	7.5	1 800	90%	22	WZPI
家庭娱乐控制	B	7.5	600	99%	50	IW
过程控制 （阀门、流量）	B	7.5	60	75%	150	ZWC
工业机器 控制 / 诊断	B	7.5	6 000	25%	340	WZIC

[1]S= 只发设备；R= 只收设备；B= 双向收发设备。

[2]B= 蓝牙；C= 铜介质（有线）；I= 红外；P= 电力线；R= 射频识别 RFID；W=WiFi；Z=ZigBee。近似按优先级排序。

[3] 待机模式：汇聚单元正在处理视频监控流，此时只有"正常 / 故障"状态通过物联网接口进行发送。当捕获到某一特定类型的移动事件，设备转换到 IP 模式并发送全视频帧。另外，通过汇聚单元远程发送指令，本地设备也可触发为全视频模式。

片上"啁啾"

众多物联网终端设备需要分享或接收的信息相对简单，例如，通过发送简单的状态或条件来报告电压是否存在，当然也可传递一些其他的简单"信号"。这些信息与结构简易的"啁啾"帧相结合，极具成本效益，而且有利于芯片集成和批量生产。因此，在一个小体积、低成本、低功耗的集成封装里就完全可以实现状态检测、信号发生及传输技术（如有线、红外、射频等），而只收和双向收发设备可能存在略微不同的需求。

这种"片上啁啾"元件迫切需要尽快开发并广泛应用，它们可以使无数不同类型的简易设备实现互联，从而促进物联网的快速发展。

"啁啾芯片"可以根据集成功能的差异，提供各种级别的产品。例如，全球定位系统（GPS）接收机、电磁方位指示器、加速计及其他相关环境探测器可能更希望具备类似 RFID 射频识别电子标签的附件。然而，绝大多数的物联网"啁啾芯片"主要针对相对简单的单一功能，这也使之成为具有最低成本、最小体积和最小功耗的优化模块。关于"啁啾"芯片的集成与开发将在第 8 章进一步详细探讨。

售后组件

集成的"啁啾"芯片可以快速用于任何新购的物联网原始设备制造商（OEM）设备，由于用户们非常渴望各种现成设备能接入物联网，那就需要为这些设备定制附加组件和售后备件。

对于很多简单需求，如电源"开 / 关"或"红 / 黄 / 绿"之类的状态，可以直接在终端设备和交流电源之间插入一个简易模块即可，这种方式通常采用电力线或无线技术进行通信，而且并不需要任何软件支持，也无须对终端设备进行配置。我们可以认为这是一种类似于电源监控或浪涌保护的内置设备。在这种情况下，设备实际上也可以扮演转发节点的角色，从而为所有相连的终端设备提供服务。

在某些应用领域，提供售后的物联网连接服务可能需要附加相关的组件包，包括一些基于通用串行总线（USB）或其他标准接口的独立元件，尤其注意接口中应能提供电源。由于"啁啾"组网协议非常简约，附加的售后组件通常也相对紧凑且功耗超低。物联网设备并不需要更高速度去超越这些接口（当然也包括附加成本），因为这些标准接口在市场上依然具有广泛的应用价值。

物联网的 RFID 集成

　　一些市场参与者对物联网的兴趣主要围绕 RFID 能力的扩展。RFID 是建立在一种微型物理元件（如电子标签）之上的射频识别技术，能够传输自身的存储数据，如序列号或其他相关信息。RFID 电子标签具有自供电性能，通常主要依靠接收设备（读写器）所产生的射频磁场进行短暂充电。RFID 已广泛用于库存跟踪和资产管理，其他相关应用也在日益倍增。

　　我们可以认为每个电子标签都是一个物联网终端设备，毕竟电子标签与简单的"啁啾"设备之间有一定的功能相似性。然而，RFID 读写器似乎更有可能成为物联网终端设备，也许还需要与某个转发节点进行结合。

　　由于典型的 RFID 电子标签只是传递一些标识参数，不具备产生其他信号（如电压及其变化）的接口，在这方面显然要比"啁啾"设备存在更多的局限。然而，如果将 RFID 信息与"啁啾"数据相结合，然后发送给某个转发节点，由转发节点将这些信息封装在一起，再转发给汇聚单元（参见图 3—7），依然潜力无限。

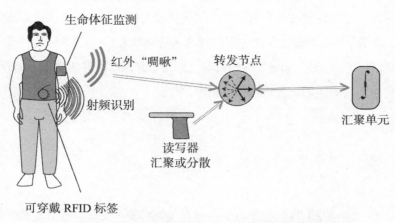

图 3—7　"啁啾"信号与 RFID 相结合提供位置和状态信息

需求更高的终端设备

在物联网世界里，相对简易的终端设备在数量上占据着主导地位，但是仍然还存在着大量通信需求更高的设备，如视频监控系统、自动取款机和远程信息亭等。此类设备通常对数据实时性要求高，也需要较高的带宽，还可能要提供人机接口，因而对数据可靠性和带宽要求更为严格。

因此在大多数情况下，此类设备都需要通过传统组网协议（如 TCP/IP）直接与互联网进行连接。当然，这些高数据需求的设备也经常通过骨干网与转发节点共享数据业务，毕竟转发节点那里汇集了众多物联网终端设备的"啁啾"数据。

在单一设备中对"啁啾"和传统协议进行融合，也将带来更多的潜在应用机会。例如，一些简单的环境状态对实时性要求并不是太高，完全可以通过"啁啾"协议进行收发；而高需求终端设备此时可以处于"待机"模式，一旦设备完全被激活（如通过人机交互），传统互联网连接立即建立，并开始处理高数据需求业务。

另外，也可以利用物联网"啁啾"接口作为备份通道用以连接传统高带宽互联网，两者可能在完全不同的频域或物理域上（参见本章专栏"无 – 线与无线"）。尽管"啁啾"终端设备已成为物联网中绝对的数量主宰者，然而需求更高的终端设备仍将与之和谐共存。

大思维，"小"数据

在本章中，我们详细地探讨了各种类型的物联网设备。适用于物联网的终端设备都存在着唯一的共同点，也就是"小"数据。对于每个设备而言数据量甚至只有几个字节，这些数据或许用于表征土壤湿度，又或是指示风向，还有可能是设置阀位的短指令。这些微小的信息主要通过"啁啾"协议进行交互，在第 2 章中我们已经介绍了"啁啾"的定义，其帧结构简单，可进行自分类，而且开销极低，更详细的阐述参见第 6 章。

尽管独立的"啁啾"数据影响甚微，然而经过汇聚单元的融合与解析之后（详见第 5 章），这些终端设备"啁啾"流最终能成为强大的工具。当然，各种物联网"啁啾"数据流首先必须经边缘网络传输，然后再通过传统互联网进行转发，最终到达汇聚单元，这项重任落到了"转发节点"的肩上，我们将在第 4 章继续深入探讨。

"无－线"与"无线"

提及物联网终端设备的连接方式，多数人首先都会想到无线连接，进而会考虑一些传统的无线协议，如蓝牙、ZigBee、WiFi 以及蜂窝通信 /4G/LTE 等。如图 3—8 所示，很多物联网终端设备的确通过一种甚至多种此类协议进行无线连接，然而事实上，并不局限于这些无线协议。

而且，绝大多数情况下，由于单个物联网终端设备的数据收发总量非常小，这些传统协议显然威力过大。例如，很多传感器类型的设备每小时仅产生几个字节的数据而已，再经过对重复传输数据的压缩，实际有效数据更是微乎其微。如 ZigBee 协议的最低传输速率甚至也可达到 20kbps（比特率，每秒千位信息）左右，然而，它仍然超过了大多数物联网终端设备所需传输速率的几个数量级。当然，对于其他类型的物联网终端设备也会存在例外情况。

既然这些终端设备的数据率和循环周期都非常低，那具有复杂协议栈和无线射频的标准芯片就没必要用于典型的物联网终端设备连接。因此，我们应该考虑一些更简洁（更廉价）的解决方案，例如在现有免授权频段内使用更简单的调制方式。

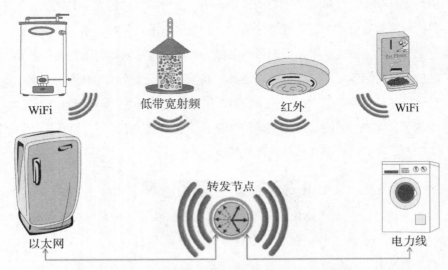

WiFi　　　低带宽射频　　　红外　　　WiFi

转发节点

以太网　　　　　　　　　　　　　　　　　电力线

图3—8　物联网终端设备通过各种方式进行通信

　　如前所述，类似的可选方案包括电力线、空白电视信号频段以及开放空间的光通信链路（如红外或可见光）等。其中，对于任何需要接入交流电源的终端设备，电力线通信显然具有潜在的吸引力，毕竟转发节点也要接入到同一栋建筑或房屋的某个地方。另外，红外通信以电视及其他娱乐系统的遥控器作为载体，也是大多数人所熟悉的一种方式。因此，"无－线"的通信并非必须是传统的"无线"方式。

在无线世界中遨游

　　其实，有很多低成本的简易无线调制方式可用于物联网的开发（第6章也将介绍一些可能的方案）。由于数据率和循环周期很低，所需要的传输速率自然也非常低，因此复杂的通信技术完全没必要。

不言而喻，实际上所有的物联网通信必须在免授权频段进行。尽管授权频段对"啁啾"结构协议也没什么妨碍，但它毕竟还是与物联网终端设备的低成本及简单协议特点有些相违背。

然而，这些潜在的物联网通信解决方案并不会部署在一个全新的领域，因为像 WiFi 和蓝牙之类的传统无线协议也已经开始广泛使用免授权频段。

伪装共存原则

由于物联网无线信号与 WiFi 之类的现有协议必须和谐相处，每一个物联网终端设备和转发节点看似都需要具备一套传统的无线协议栈。然而，这必然会摧毁物联网能被广泛接受并大规模扩展所必需的成本效益模型。

此问题的解决基于"藏而不漏"的方法，通过对传统免授权无线资源的理解，更好地对其加以利用，这其中的关键在于充分发挥时域和频域的差异性。由于物联网"啁啾"帧结构短小且独立信息具有非紧急性，它们可以"挤进"自然形成的"空隙"中，随着较为复杂的协议一起运作，如图 3—9 所示。

冲突又何妨

以 WiFi 为例，物联网设备在 CSMA/CD（带冲突检测的载波监听多路访问）内部固有的"静态时间"退避[①]延迟中运作会更容易。物联网终端设备简单地广播或接收它们的"啁啾"信息，由于这些

---

① 退避（Back-off）是指网络节点发生数据冲突时的强制性重传延迟，等待时间随指数而增加，主要用于 CSMA 的冲突分解。——译者注

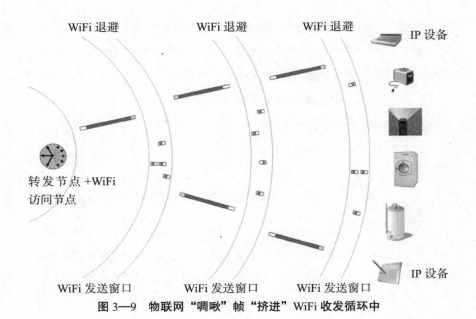

图 3—9 物联网 "啁啾" 帧 "挤进" WiFi 收发循环中

"啁啾" 帧非常短小，即便是在业务量非常大的 WiFi 网络内，它们与某个 WiFi 数据包发生冲突的概率也非常小。再者，即使冲突真的发生了，毕竟独立的 "啁啾" 具有非紧急性，另一个 "啁啾" 可能很快就能到达。当终端设备通过传统无线协议进行通信时，"啁啾"之间的随机时序也能避免出现 "死锁" 问题（参见第 2 章）。

物联网设备 "啁啾" 帧短小、循环周期低的特点使它们并不会对 WiFi 网络造成太大影响。因此，完全不需要再为物联网终端设备增加任何冲突检测、避免及恢复能力的负担。另一方面，转发节点可以作为一个合适的中转站，用于集成传统的无线协议栈以及 "侦听冲突" 能力，从而保持传输畅通，避免不必要的冲突发生（详见第 4 章）。转发节点可以对 "啁啾" 帧进行裁剪和封装，堪称无线世界中的 "好公民"。

"和谐"与波特率

　　当充分考虑所有诸如电力线和光信号之类的"无－线"选择时，新的机遇又出现了。多域同时进行数据收发能够大大提高波特率，当然也会减少潜在的冲突和干扰。例如，某一终端设备可以同时通过射频和红外发送"啁啾"帧，以增加传输信息总量，而且在与传统无线组网相同的环境中还能保持"藏而不漏"。

　　正如音乐旋律一样，在两个频域同时发送多段信息，利用简单的"啁啾"协议却提供了丰富的通信潜力。因而，与单一介质通信相比，更高的波特率（信号或信息传输速率）是完全有可能的，更详细的阐述参见第 6 章。

第4章

RETHINKING THE INTERNET OF THINGS

A Scalable Approach to Connecting Everything

构建互联

　　通过前面章节的讨论，我们了解到物联网海量终端设备以"啁啾"帧的形式产生并交互着数量惊人的简约数据。然而，如果"啁啾"协议缺少类似 TCP/IP 这样的经典配置，这些信息又该如何在传统互联网中进行传输呢？或者当面对其他任何网络时，又将如何呢？

　　物联网绝大多数终端设备成本低廉、结构简单，而且计算和存储能力有限。因此，这些终端设备并不能像传统 IP 设备那样管理和控制它们自身的组网。组网的重任只能交给"转发节点"来承担，从技术上来看，转发节点更像是诸如交换机和路由器之类的传统组网设备，然而其运作方式显然更具倾向性。基于"啁啾"的物联网业务流经过必要的裁剪、转换和封装，然后通过各种协议和接口在网络中进行传输，转发节点需要将这些"啁啾"包转换到 IP 数据包中，以供互联网使用。当然，如果将 IP 业务流发往"啁啾"终端设备，同样的流程逆向进行即可。

　　更为重要的是，有一些类型的转发节点功能可通过驻留在汇聚单元内的软件智能体进行控制（详见第 5 章）。转发节点有倾向的组网动机有利于为整个物联网创建软件定义的"发布 / 订阅"关系。这种逻辑关系并非建立在物理网络拓扑之上，而是依赖于感兴趣或同类型的"社区"结构。

　　例如，某家跨国性企业的便携式柴油发电机群组采用一种国际化运营方式，通过转发节点将其产生的"啁啾"业务由"小数据"整合成大数据，从而为这种新兴的物联网创造出惊人的力量，如图 4—1 所示。

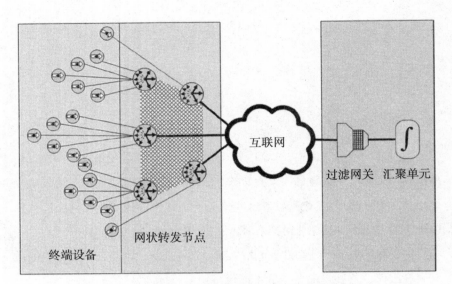

图4—1　转发节点构建终端设备与汇聚单元之间的桥梁

功能与形式多样化

转发节点融入了许多创新理念，其最基本的功能是为海量的终端设备和其他组件提供业务传输，同时也包括转译和网关服务，从而使各种"啁啾"消息能在传统 TCP/IP 网络中进行交互。通常，转发节点通电后立即就能建立一个相对独立的连接网络，并能及时搜索和连接周围的终端设备、相邻的转发节点以及其他网络组件。

在很多方面，转发节点堪称新兴物联网架构的"核心模块"，由于转发节点的存在，海量的终端设备才能保持着简洁、廉价甚至环保等特质。既然每一个转发节点都能支持众多低成本的"啁啾"终端设备，物联网也因此才有可能扩展到海量规模。同时，转发节点也能提供与传统互联网的连接，或是通过互联网与汇聚单元进行连接，这样就能从终端设备的"小数据"中提取有价值的信息。

基于树木结构的物联网设计

转发节点的基本设计原则依然来源于自然现象。如果我们把海量终端设备看作是物联网的"树叶"，那么转发节点就是连接这些树叶的"树枝"和"树干"。

自然界中典型的树木结构如图4—2所示，树叶之间不需要直接相连，因为它们相互没有任何价值关联；然而，树茎、树枝和树干却能为树叶送去水分和养料，同时，树叶经光合作用产生的有机物也能通过它们输送给树根。无论是小灌木丛，还是伟岸的红杉，树木的大规模生长主要源于它们最基本的结构，即通过对不计其数终端的输入和输出进行组织，从而达到效率最大化。

图4—2   自然界中典型的树木结构

　　毫无疑问，自然界中很多更小的植物也会采用其他类型的养分输送技术，然而还没有哪一类可以证明能达到树木如此宏伟的规模。正因如此，树状化结构一定能胜任物联网的边缘网络。与自然树木不同的是，人类网络因其无限的端到端交互，必然需要持续的计算与更新以应对更多的任务和可能的扰动，因此，这也成为传统互联网终端（如智能手机和个人电脑）采用类似 TCP/IP 网络协议的主要驱动力。

树之规模

　　一个树状化结构网络与树的深度呈线性关系 [可以用"线性阶" $O(n)$ 出来表示]，因此可以扩展至非常大的规模。这种扩展性源于摩尔定律，也是线性 $O(n)$ 系统[1]。另外，以平方阶 $O(n^2)$ 为例，系统并非按照线性效率的改善与补偿进行扩展。自然界中，类似的系统通过世代反复尝试，摒弃那些无效的养分输送策略，例如，从根到叶，反之亦然（树网的上行与下行），最终系统因自然选择而走向灭绝。因此，线性阶 $O(n)$ 系统主宰着自然界，很大程度上是因为其本身的高效性，进而形成的高扩展性。

　　物联网环境中的数据流本身也像树木一样是分层的，树根主要针对树干及其更关注的部分，然后树干再向树枝和树叶延伸。

　　另一方面，树枝汲取来自"树叶"（终端设备）的小数据，对这些小数据进行采集、裁剪、整理然后传输，整个过程也是分层进行的，物联网与树网均是如此。

　　假如两种树状结构（根和树枝）汇聚到某个中心位置，如树干，那么这里就是提供大数据服务的地方，即汇聚单元。

---

① 摩尔定律并不是线性增长趋势，而是指数级增长趋势。——译者注

为边缘"啁啾"服务

物联网的大部分终端设备采用轻量级的"啁啾"协议进行通信,该协议只包含最小限度的寻址和差错检测能力。因此,如果终端设备要想与互联网交互数据,就必须找到另外一个地方来为其提供全局命名、TCP/IP完整格式以及协议栈等服务。

最终,转发节点成为代表终端设备提供这些服务的最佳选择,通常在任何"啁啾"设备的通信路径上至少需要存在一个转发节点,这样简单的"啁啾"业务才能通过互联网进行传输,然后再经过汇聚单元进行解析(基于传统 TCP/IP)。在为传统互联网及其他 TCP/IP 网络传输业务的过程中,转发节点发挥了极其重要的作用。

由于配置了多种有线及无线接口,转发节点可以将终端"啁啾"世界与基于 IP 的广域网连接在一起。转发节点的"覆盖范围"取决于终端设备的连接类型,例如,在某个家居网络中,转发节点可能需要两个无线接口与标准的 802.11 无线访问节点进行通信,其中一个利用红外发光二极管与"啁啾"设备通信,另一个是基于 IP 的 WiFi 连接。

边缘隔离与保护

转发节点的主要功能是在"啁啾"协议设备和一个或更多汇聚单元之间建立连接。与汇聚单元的连接主要还是依靠 IP 网络,而转发节点在"啁啾"子网与 IP 骨干网之间发挥了桥梁的作用。然而,如果作为"中间人"的转发节点缺乏可信度,"啁啾"设备与 IP 网络的连接将很难保证。既然"啁啾"设备在 IP 可寻址空间里是不可见的,那其本身就是安全的。因此,转发节点必须为任务紧急的远程系统提供最终的控制决策权。

自主与协调

对于物联网而言，既没有切实可行的方法去构建一种整体的自上而下结构（最高效），也不可能在边缘网络开展有效的"超配置"模式（最低效），因此转发节点必须能够做到独立构建合理有效的网络架构。这就需要每一个转发节点充分利用类似机器人的智能特性，从而在自主与协调之间寻求平衡。

我们首先探讨所有转发节点在构建物联网架构方面的共性技术，然后再针对一些具体应用，分析不同的操作类别与模式。

每个转发节点一旦上电，立即就开始评估周围与其他物联网设备之间的潜在连接，包括相邻通信组件的类型、特点及功能等。这些连接或许是终端设备，又或是其他转发节点，还可能是汇聚单元（及其相连的过滤网关，详见第 5 章）。根据具体的可用接口，它们之间的连接可能采用有线或无线方式，也可能通过传统互联网，甚至与转发节点内部直接相连（取决于封装形式）。如果某个核心组网链路发生中断，那同样的启动程序将重复执行。

在某种程度上，这种发现机制与交换机和路由器等其他组网设备非常类似。然而，与大多数 IP 设备不同的是，整个网络的架构是"自下而上"的，每一个独立节点都有能力通过与其他节点协商，从而去创建一个无环结构化路径。而很多传统网络将这些功能集成到 IP 中实现"自上而下"的模式（增加 IP 开销），这一点与物联网截然不同。

建立组网路径

转发节点启动后立即开始寻找通往汇聚单元的路径，偶尔会存在有线

或无线的直连路径（也可能通过汇聚单元对应的过滤网关进行连接），然
而多数情况下，可能并不存在直连的汇聚单元。另外，汇聚单元是通过
IP 进行连接的，因此该路径中至少有一个转发节点必须能够实现"啁啾"
和 IP 业务的转换，如下所述。

　　如果不存在本地直连的汇聚单元，转发节点就需要与相连的其他转发
节点进行信息交互。每个转发节点都会建立自己的邻域表，形成逻辑网络
树，这些信息相互共享，从而允许转发节点独立决策，合理地选择到达汇
聚单元的有效路径。

　　路径选择按照到达汇聚单元所需的总"跳"数（节点到节点的连接）
进行加权，同时也会考虑转发节点的负载和可用带宽。到底是选择更可靠
但相对曲折（多跳）的路径，还是选择更直接但负载更大的路径，需要在
其中进行有效的权衡。这就好比高峰时段的交通状况，与其选择拥挤不堪
的高速公路，倒不如选择城市街道绕行更为高效。

　　如图 4—3 所示，有些转发节点能够与互联网（顶端节点）直接相连，
从而为依靠 IP 连接的汇聚单元提供了一条最佳路径。然而，还有很多转
发节点并不能找到互联网直连路径，它们只能利用"啁啾"或 IP 协议与
相邻的其他转发节点进行连接。

　　通过图 4—3，我们发现还存在一些备选路径（虚线所示），但每个
转发节点只能根据速率、拥塞、跳数以及可靠性等信息选择一条主链接，
这些加权信息是相邻转发节点通过"管理帧"所提供的（详见下文）。如
果所选路径或中间节点失效，又或者发生了重大的传输速率 / 质量变化，
那些备选路径即可随时派上用场。

　　关于建立到达汇聚单元的路径，定义传输方向"箭头"，我们已经在
第 2 章中进行了简要描述，更详细的讨论参见第 6 章。路径定义使得转发
节点能执行基本的路由决策，从而确定数据传输业务是流向终端设备，还

是流向汇聚单元。这种基于树的计算方法可同时映射到"啁啾"设备的物理和逻辑子网。

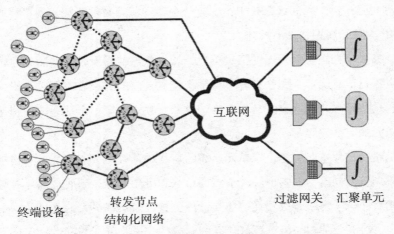

图4—3　转发节点通过邻区信息共享建立有效的路由机制

传输"箭头"可以被看作是一种整体固有的方向，本质上就类似于上游／上坡或下游／下坡的流向。转发节点的任务就是考虑如何组织好自己，从而提供有效的双向数据流。

基本的路由算法也需要加权考虑，并作出相应决策，例如，在其他因素相等的情况下，有线连接的优先级将高于无线方式，但也需要关注来自相邻节点的链路质量信息（如随时间变化的可靠性等）。

路径决策需要进行周期性调整，以应对网络扰动或故障，还包括新增网络元件以及链路质量信息更新等。一旦新的转发节点或传输路径加入到网络中来，相邻转发节点将立即重新评估它们的路径决策，从而确保到达汇聚单元的有效路径。转发节点也会每隔一段时间执行一次邻域节点更新搜索，用于寻找潜在的新路径以及新的相邻转发节点。

建立冗余树

　　典型的物联网逻辑主要体现在一个或几个汇聚单元到无数终端设备之间的关系。如果基本前提是利用分枝树可以扩展到物联网固有的巨大网络规模，那么，对于网络边缘的"大流量"终端设备而言，最有效的整体网络拓扑就是采取带有主干和分支的树状结构。

　　当每个转发节点在检索其邻域节点所提供的数据时，往往会发现许多潜在的可用路径。然而，并不需要对整个网络架构进行全局计算（这也是不现实的），只需考虑一些避免路由环路的方法即可。

　　当每个转发节点在路由表中植入潜在的路径时，它们也因此创建了必要的树状结构。那些因跳数、带宽或品质记录被认为不太理想的备选路径，仅仅会加以标注，但不会被激活。然而，如图4—4所示，一旦所选择的主路径出现很长时间不通的情况，那些备选路径就能及时发挥作用。

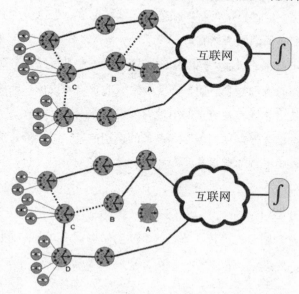

图4—4　备选路径在主路径失效时被激活

利用这种"失效备援"①的方式，备选路径能够快速合理地应对突发故障。路由表中的"过期数据"将会定期进行清除，以保证最有潜力的冗余路径信息。

管理消息

如前所述，少量的链路和路径"质量数据"必须在相邻节点之间定期进行交换，从而形成一种管理消息。为了使其更加合理有效，所有已知邻域节点需要交换两类信息。

一个完整的管理帧包含了每个节点及其相邻路径产生的"快照"信息，每隔 60 ~ 600 秒广播一次。这种管理帧的典型数据长度为 1 000 ~ 2 000 字节。另外一种"轻量级"的管理帧只包含上一次完整更新之后的变化情况，每隔 15 ~ 60 秒产生一次，数据长度约为 10 ~ 100 字节。如果没有发生任何变化，这种轻量级管理帧会为邻域转发节点提供一个确认信息，以告知之前广播的消息依然有效。

这就意味着一个新加入网络中的转发节点，在进行路径分析之前必须等待一个完整的管理帧。然而，即使轻量级的管理帧也依然能够提供有用信息，确认某个邻域转发节点的出现。

转发节点也会保存其相连终端设备的识别信息，并能通过完整的管理帧向邻域节点广播这些消息。

一切皆有可能

就此而言，用于连接转发节点的不同网络协议之间并没有什么区别。

---

① 失效备援（failover）是一种冗余备份操作模式，当网络主要组件由于失效或掉电而无法工作时，其功能被自动切换到二级系统备选组件。——译者注

由于通常的网络决策都是相同的，每个链路可抽象为不同的信道，如图4—5 所示，每个信道都拥有自己的权重。在某些情况下，转发节点之间的链路可能是简单的"啁啾"协议；而对于其他情况，也可能是通过传统互联网的完整 TCP/IP 连接。

对于后者而言，转发节点通常会利用动态主机配置协议（DHCP）使其能在 IP 网络中进行通信。转发节点之间的管理帧也被封装在 TCP/IP 包中，当然也包括通过该路径的所有其他业务流。如前所述，"啁啾"协议通信及其相应终端设备就可以被有效隔离在转发节点网络的"背后"。

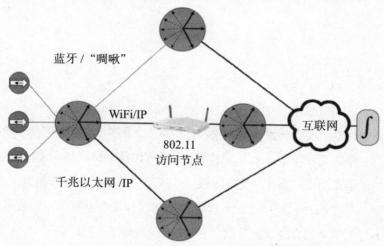

图 4—5　转发节点对潜在的传输链路进行决策抽象

避免扰动

同任何网络系统一样，在这种由转发节点构成的树状网络结构中，无线链路的退化或消失以及转发节点断电或发生设备故障，必然会引起链路质量的快速变化或不协调，从而可能会造成网络滞后及抖动，如何避免这些问题就变得至关重要。某一链路或节点的可用性及其质量变化，将会"波及"树状结构路径中的邻域转发节点。在物联网中，边缘网络可能会发生间歇性连接而且通信质量较低，如何有效管理这些扰动显得尤为重要。

幸运的是，物联网中任意独立的传输都具备低数据率以及非紧急特性（参见第 2 章），这就意味着路径决策算法可有效防止扰动。我们的目标主要面向合理性及有效性，并非整体网络优化，这是因为物联网业务的独特性质，而且转发节点具备对网络性能进行监控、协调和优化的能力。这种树状拓扑结构可确保每个转发节点的路由决策是完全依靠树的整体路由效率而驱动的。

汇聚单元及"偏见"之力

前面讨论了所有转发节点共同具备的基本组网能力，然而物联网的最强动力主要体现在汇聚单元上，因为汇聚单元围绕着海量终端设备创造了巨大的数据流网络。基于"感兴趣社区"以及"亲缘关系"的理念（详见第 5 章），终端设备的各种微小"啁啾"业务经转发节点形成小的数据流，然后通过汇聚单元合并成大数据，并最终转化为有用信息。

终端设备只是简单地以"啁啾"形式广播数据，丝毫不必考虑这些数据到底用在何处，又将如何使用，这也正是物联网背景下"发布 / 订阅"模型的本质所在。汇聚单元通过对可用数据源的筛选，能有效地创建"感兴趣社区"。

为了提高效率，对于数据所选择的传输路径（即从终端设备经转发节点发往汇聚单元），利用汇聚单元所定义的"发布 / 订阅"模型对其进行积极的智能化管理，将是非常有必要的。

如图 4—6 所示，这种功能主要是通过那些内置发布智能体的转发节点来实现的。发布智能体根据汇聚单元的某些指令而具有"倾向性"，从而可以创建专用数据路径，或者将"啁啾"数据封装到特定组合中去。既然"啁啾"数据本身就可以通过外部标签进行自分类，那么发布智能体自然能按照类型匹配对应数据。

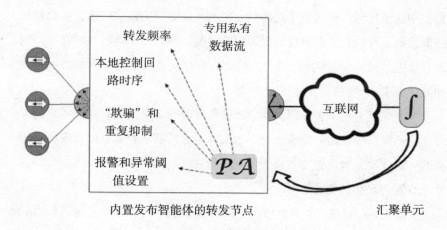

图 4—6　汇聚单元指导内置发布智能体的转发节点进行智能化管理

因为大多数这种类型的数据路径主要还是依靠传统互联网传输，所以 TCP/IP 协议仍是转发节点到汇聚单元之间的链路标准。它也成为"发布 / 订阅"模型的逻辑附属物，而且终点明确。

汇聚单元与转发节点内的发布智能体之间往往存在着专属关系。例如，某个特定的制造商可能只为自己的转发节点提供发布智能体，专门用于匹配同一厂商的汇聚单元。尽管转发节点也具备其他的物联网通用业务，然而来自特定类型终端设备的数据将优先封装并发布给对应的汇聚单元。

"偏见"与影响

尽管之前所描述的专属关系更为典型，但在某些情况下，由某一特定的转发节点所聚集的数据，也可能存在多个汇聚单元同时（或随时间推移）需要这些数据并服务于多类应用或多个用户的情况。

发布智能体将首先响应汇聚单元发来的最新以及最频繁的"偏置"消息，这些消息可以增强某个已有的"发布／订阅"关系，然而，不太频繁的消息则允许转发节点恢复到更通用的功能，只是简单地转发所有的"啁啾"数据。另外，"发布／订阅"模型也可以随着时间推移有机地响应各种变化需求、自然效应及突发事件等。

以公交巴士时刻表为例，其中的路线和时间都是集中管理方式。同样地，"啁啾"小数据的传输也是由大数据中心的需求及其订阅优先级所驱动的。路线及调度设置需要自上而下进行管理，因为"啁啾"数据流的偏置与兴趣会改变其发送的时间及方式。

实际上，汇聚单元与转发节点之间的关系是一种软件定义网络（SDN）形式，其完全由代表汇聚单元的"发布／订阅"智能体进行驱动，且独立于物理网络拓扑，详细阐述参见第 5 章。

功能自由度

各种终端用户需求及应用必然要求创建对应的多类型转发节点，如图 4—7 所示。其中，专用类型的转发节点内包含一个发布智能体，可与一个或多个汇聚单元进行交互。而其他类型的转发节点主要还是负责更通用的功能。

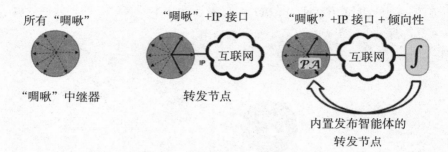

图 4—7　不同类型的转发节点（数据选择性从左至右逐渐增强）

　　功能更强的转发节点则需要配备更复杂的网络协议栈、网关和接口，其中最为关键的是允许互联网路由的 TCP/IP 网关，这些网关可用于连接汇聚单元，或用于转发节点之间的链路，以及集成包含完整 TCP/IP 协议栈的终端设备。有一部分全功能转发节点还具备之前所描述的发布智能体，通常是在通用的转发节点功能之上构建的一种专用"发布/订阅"模型。

　　然而，很多转发节点主要还是用于"混杂广播"模式，其根据"啁啾"帧标签中的传输方向"箭头"转发所有接收到的业务流。尽管这些传输中存在很少（甚至没有）路由特征，但依然会包含重传、整理和裁剪之类的转发管理（详见第 6 章）。这种模式的转发节点可以为任何设备传输物联网业务，可能会成为公共开源物联网的重要组成部分，但这种空前的规模尚未完全概念化。

终端聚集

　　转发节点的另一"边"是由面向"啁啾"终端设备的接口阵列组成的，其中包括了很多不同的有线/无线方式的物理逻辑接口。如图 4—8 所示，除了传统的诸如以太网、802.11 WiFi 及蓝牙之类的接口之外，其他低成本的红外以及电力线接口也正在广泛使用。

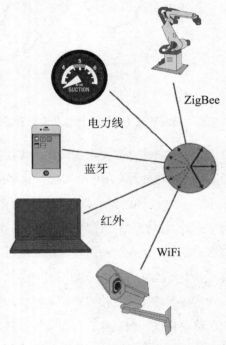

图 4—8　转发节点连接各种类型的终端设备

　　无论选择哪种物理接口，绝大多数终端设备的基本数据接口仍然遵循"啁啾"协议。正如第 3 章所描述的，存在很多双向终端设备，但大多数设备可能还是以关键的或单一的形式为主，即要么发送，要么接收。另外，无论这些设备的数据传输率如何，其信息率都相对较低。换言之，终端设备所发送或接收的数据中，多数情况下存在着大量的重复信息，下一节将具体阐述。

丢弃冗余

取决于测试精度等因素，诸如压力和湿度传感器之类的设备，可能在很长一段时间内会重复发送同样的测试数据。反之，在过程控制应用中的阀门伺服系统，也可能长时间保持在同样的位置。因此，在这些情况下，重复的报告或相同的指令数据将会不断发送。

考虑到大量重复性数据可能是物联网的一个特点，因此转发节点需要设计得更为巧妙。为了避免汇聚单元传输不必要的重复数据，需要对数据流进行监控，并删除或丢弃重复数据。

尤其对于内置发布智能体的转发节点而言，汇聚单元能使其偏向于只传输那些超过一定阈值（频率或数值）的数据。

转发节点的这种性能限制了物联网数据传输的总量。虽然"啁啾"比传统的 TCP/IP 协议更为紧凑有效，但物联网毕竟规模巨大，因此需要尽可能地限制那些无关紧要的重复数据，其中所涉及的技术将在第 6 章中详细阐述。

运载巴士：转发节点传输系统

转发节点的另一个核心功能是管理和封装网络中各个级别的广播包。在物联网中，终端设备与转发节点之间的通信速率低，且循环周期低，因此，轻量级的"啁啾"协议是一种理想的选择。然而，如果这些"啁啾"帧在传输到下一个转发节点之前，都需要封装成一个相对大的 TCP/IP 数据包，那所有的效率也将随之消失。

反之，转发节点利用邻域路由信息，通过网络汇总各种"啁啾"数据，再一起将它们有效地传输给下一个转发节点（如前所述，重复的"啁啾"将被删除或丢弃）。在每一个连续节点处，这些运载"巴士"可能是空载的，移除了一些数据包而其他数据包又加载进来，然后再次传输，如

图 4—9 所示。

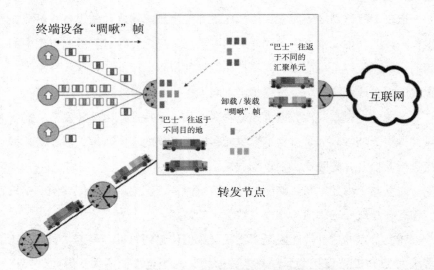

图 4—9　"巴士"传输系统带来最大通信效率

　　汇总、裁剪及转发的过程会在每一个中间节点处增加延时，转发节点在传输之前尽可能多地装载"巴士"，也需要处理时间和滞后等待。然而，在物联网的世界里，这些延时不会对数据的有用性造成任何影响。

　　传输"巴士"的大小根据传输信道的特性而定。对于 TCP/IP 路径来说，转发节点会尽量在转发前填满一个数据包，而对于其他路径，运载"巴士"的大小将依据最大效率进行调整。

　　在内置发布智能体的专用转发节点中，汇聚单元定义了其传输偏向性，这些路由选择和 TCP/IP 数据包的传输将优先于前面所定义的普通流程。

抵抗风暴

　　在任何具备广播能力的网络中，如何缓解广播风暴至关重要。而转发节点本身就可有效地限制广播风暴的蔓延，其主要利用树状的网络架构，对终端设备的收发广播数据进行整合与裁剪，并删除重复数据。

关于转发节点在管理终端设备数据业务方面的技术细节，将在第 6 章进行阐述。

避免冲突

如第 2 章所述，简单的"啁啾"协议本身并不包含差错校验和冲突检测及避免等技术。然而，随机策略和退避机制能确保"啁啾"数据挤进同频谱的其他传输数据之间，从而避免"锁死"的风险。转发节点的"啁啾"接口也使用了同样的技术。

命名原则

这种物联网新兴架构的关键前提在于，终端用户设备只承担了非常简单的"啁啾"协议开销。如第 2 章所述，终端设备在"啁啾"中的命名具有不完备性，其在整个网络中可能并不是唯一的。

如果只是简单地将"啁啾"原样传输给其他设备，那这种命名的限制还是会存在很大问题的。然而，如图 4—10 所示，转发节点能提供附加的场景信息和所需的寻址特征，从而创建唯一的网络地址。具体技术细节的开发将在第 6 章详细讨论，包括建立邻域路由表及转发节点所需的其他相关信息。

转发节点可以通过其树状网络向合适的汇聚单元"发布"这些小的数据流，或者利用 IPv6 封装直接通过传统互联网进行信息发布。

对于传输"箭头"指向终端设备的数据，整个过程恰恰相反，转发节点首先剥离用于路由的数据报头及格式,然后利用终端设备的非唯一寻址，仅仅将轻量级的"啁啾"帧传输给该终端设备。

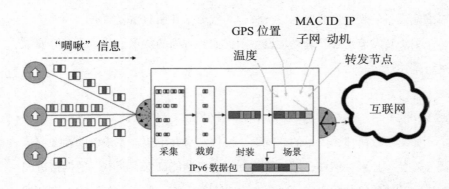

图 4—10　转发节点对"啁啾"信息进行封装

封装选择

终端设备、转发节点以及汇聚单元之间存在很多类型的组合封装。其中，内置专用汇聚单元的转发节点就是一种较为特殊的组合形式。例如，这种组合可用于视频监控及报警数据的本地分析，然后只将异常数据集转发给某个控制中心。

转发节点通常可与现有的一些组网及家庭娱乐设备进行集成封装，包括路由器、WiFi 访问节点、局域网交换机、机顶盒等。另外，转发节点也可与一些非传统设备进行集成，例如智能仪表、汽车、电视、空调、照明设备及其他各种家用电器，如图 4—11 所示。转发节点需要很少甚至完全不需要人为干预，可以设计成不显眼的壁式封装或其他类似形式。

商用环境中也能发现转发节点的身影（通常与终端设备进行组合），例如可集成于生产设备、过程控制设备、车辆及其他更多的设备中。

转发节点与智能　　　　转发节点与 WiFi
仪表集成　　　　　　　访问节点集成　　　　　交流电源接线板

图 4—11　转发节点可与终端设备及汇聚单元组合成各种封装形式

　　虽然很可能有些转发节点的实例，体现为诸如智能手机、平板电脑或个人电脑之类平台的纯软件形式，但这些设备具有两个典型的局限，即连接终端用户设备的接口数量和种类不足，另外还包括其位置的瞬态特性。

　　封装选择和相关案例网络配置将在第 7 章中进一步讨论。

物联网组件

　　转发节点确实是这种新型物联网树状架构的基本组件，它为物联网数据传输创建了合理的网络，有效地控制了广播数据业务，同时也抑制了很多不必要的冗余数据。转发节点使边缘网络的轻量级协议，有效地转化为传统互联网所需的更健壮的网络协议。

　　第 5 章将继续探讨所有这些数据流的"业务端点"，即面向人类用户的汇聚单元。

RETHINKING THE INTERNET OF THINGS

A Scalable Approach to Connecting Everything

小数据、大数据以及人机交互

海量终端设备的"啁啾"数据，需要在物联网的汇聚单元中进行分析，并根据结果执行相关决策。汇聚单元也能发送自己的"啁啾"去获取信息或者配置设备参数，当然，此时"啁啾"的传输"箭头"应指向该设备。汇聚单元还可引入各种外部输入，包括大数据和社交网络趋势，甚至还包括天气预报等。

汇聚单元承担着物联网人机接口的重任。因此，汇聚单元旨在减少某一段时间内所收集的、深不可测的海量数据，尽量向人们（或计算机）提供一组更为简洁的报警、异常及其他相关分析报告。另一方面，汇聚单元可通过置于转发节点内部的偏向智能体对物联网进行管理，还能使其他设备在某个预期的参数范围内正常运转。

通过这种方式，汇聚单元创建了这种"发布/订阅"模式网络，从而也体现出物联网的真正价值。汇聚单元还定义了物联网的重要关系，即社区和亲缘关系，如图5—1所示，我们并不需要考虑地理位置或网络拓扑。

利用诸如"集群"和"规避"之类的简单概念，汇聚单元内部的集成调度与决策进程有助于物联网的透明运作，且无需人为干预。在一个普通家庭中，仅仅需要一个汇聚单元就能满足智能手机、计算机以及家庭娱乐等设备的需求。汇聚单元还能分布并扩展至某个大型跨国企业的机架服务器中，用于跟踪和管理整个企业的能源消耗情况。

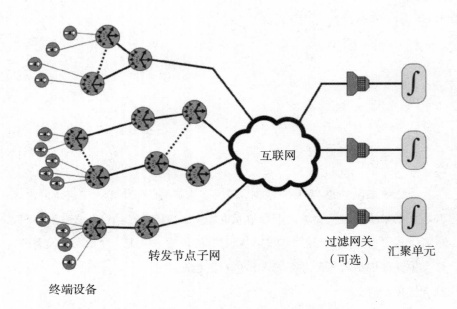

图 5—1 汇聚单元是物联网"发布/订阅"模型的逻辑中心

物联网之"大脑"

汇聚单元最典型的组成形式，是一种运行在现有标准计算平台上的专用软件系统。与大多数计算密集型应用需求类似，汇聚单元也需要强大的处理能力和存储能力。

考虑到规模经济的最大化以及摩尔定律的充分利用，汇聚单元软件开发的主要目标可能会集中在广泛部署的计算平台和操作系统上。计算和存储能力应与所需分析的数据量以及受控终端设备的复杂度相匹配。如图 5—2 所示，低端的家居自动化可能只需一部智能手机和相应的 APP 应用软件即可实现，然而对于跨国企业流程控制（如石油开采）的监控，则可能需要具备冗余及容错能力强的高端处理器集群。

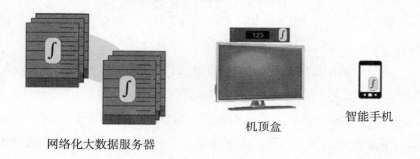

网络化大数据服务器　　　　　　　机顶盒　　　智能手机

图 5—2　汇聚单元广泛应用于各种通用计算设备之上

　　幸运的是，一些支持大数据应用的处理器及软件开发方法（如集群处理器、Apache Hadoop[①] 分布式文件系统、融合网络适配器、固态存储，等等）也可以无缝地引入到这种新兴物联网的汇聚单元中。

IP 意义所在

　　为了尽量减少成本和复杂度，支持"嗝啾"协议的终端设备成为物联网的主要组成要素。如前所述，这些简单的协议还不足以（甚至不符合格式要求）在整个互联网进行传输。然而，终端设备数据流首先需要到达转发节点，然后再经过标准的 IP 互联网（或专用 IP 网络、VPN 等）路由传输至汇聚单元。

　　在整个数据链路中需要支持 IP 协议的转发节点，这种逻辑变得愈发清晰。在更低级的组网协议层，汇聚单元可以简单地依赖标准的 IP 组网

---

① 　Apache Hadoop 是一种用于分布式存储和处理商用硬件上大型数据集的开源框架，详见 http://hadoop.apache.org/。——译者注

能力，其广泛部署于典型的操作系统之中，通过千兆以太网或其他应用接口连接到互联网。汇聚单元建立在许多基于云计算的类似架构之上，因此可直接受益于云服务器和骨干网建设的投资与开发。

基于 IP 的汇聚单元也可以支持那些仅提供 IP 接口的原始物联网设备。因而，对于无数已安装的传感器和执行器以及保留 IP 接口的高性能终端设备，移植到这种新兴物联网架构也变得非常容易。汇聚单元还能与现有的基于 Web 的数据源和服务直接进行交互，当这些数据源与物联网数据流相结合时，能够创建更为丰富的价值。

利用全球互联网和商业系统的主要缺点在于，海量数据流及繁忙的网络接口可能会造成通用处理器陷入困境。鉴于此，过滤网关作为一种专用设备，通常用于转发有意义的数据（取决于汇聚单元），从而确保汇聚单元的计算资源主要集中于分析和控制等任务。

提取数据流

如前所述，绝大多数的物联网数据经由转发节点封装并传输（详见第 6 章），如图 5—3 所示，其中主要包括封装在 IP 之内的净化"啁啾"数据流，但不会为每个终端设备去浪费独立的 IP 数据包。汇聚单元内部的网关进程需要解压并识别"啁啾"数据流，然后进行相应决策。

在过程控制应用中，针对诸如阀门控制数据包之类的下行业务流，汇聚单元可将"啁啾"帧封装在 IP 数据包中，形成转发节点网络可以理解的一种模式。这些数据包沿着传输路径，将进行必要的解包、重组、重复和裁剪，最终顺利到达目标终端设备。

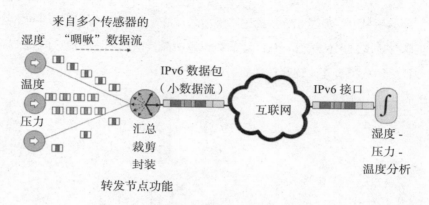

图 5—3　物联网"啁啾"数据流传输及处理过程

分析与控制

随着各种上行业务流被识别和分离，汇聚单元可以创建一张感兴趣社区的"图像"。我们随后会更详细地讨论社区的概念，基本上，社区包括了不同类别、位置和活动级别等所对应的设备集，汇聚单元根据这些信息进行编程，从而搜索相应的设备。对于上行业务流而言，终端设备实际上正在"发布"汇聚单元所"订阅"的数据。反之，对于汇聚单元所控制的终端设备，也是同样的道理。

然而，在创建"发布/订阅"社区时，汇聚单元不必限定于某个固化的位置或设备类型。如图 5—4 所示，如果设备之间存在一种感兴趣或反复出现的模式，则通过一种被称为"亲缘"的、更为广泛的潜在关系，使得汇聚单元可以从不相关的终端设备流中创建信息社区。

物联网的巨大潜力得以挖掘，通过从各种各样的终端设备收集数据，从而创建有用的信息和价值，其中有些设备也可能会因其他目的而被用于另外的项目中。为了充分发挥这一潜力，就必须超越传统的端到端网络甚至软件定义网络的概念，从广泛的数据源中深入挖掘具体的信息内涵。而"社区"分类正是体现此理念的一种有效途径。

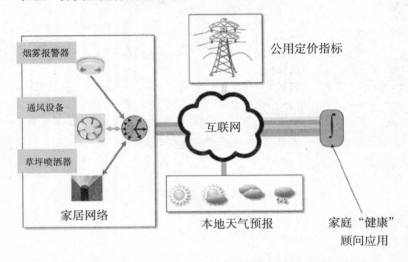

图 5—4　汇聚单元利用"订阅／发布"模型创建丰富信息

从"啁啾"到"小数据"再到大数据

来自众多设备的数据汇聚在一起，某种程度上就类似于由离散音符组成的音乐旋律。单独的某个音符难以提供如情感因素、美感之类的音乐信息（取决于听众）。然而，诸如交响乐团的各种乐器所产生的一系列音符，就能够形成让听众深有感触的音乐旋律。

同样，"啁啾"序列（并行或串行数据流）也能形成一定的"旋律"。这种"啁啾"数据流"旋律"可用作某种特征辨识码或有效数据载荷，还可以是两者的级联和加密版本（参见第6章），其中的加密包括类似切分

音的延迟传输。多种旋律成为某些隐藏信息的冗余版本，甚至有时候沉默
也能表达某种含义，当然只有预期的接收者才能知晓。

　　尽管人们能听到鸟鸣声，但却只有鸟儿才真正理解其中的"含义"；
尽管人们能听见这种"旋律"，然而却很难去对其进行解析。鸟鸣特征（"蓝
松鸦"）以及有效载荷（"入侵者"）都属于类似的音符，但确实又很难
区分相互交织的各种旋律。因此，人们在公园里可以听到各种鸟儿叽叽喳
喳的"对话"，但却无法理解其中的含义，毕竟我们缺少"解码密钥"。

　　鸟儿通过鸣叫来响应环境的变化。如图 5—5 所示，当一只猫穿过公
园，我们通过眼睛对其进行跟踪，并留意鸟鸣声如何随着猫在树丛中的运
动而改变，结果会发现，鸟鸣的声调和强度都发生了明显的变化。通过两
种不同感知域（眼睛和耳朵）的特征匹配，并"根据事实推理"，观察者
能够对通常的活动行为进行辨识，这种多传感器融合的模式（此例为眼睛
和耳朵感知融合）促进了人类逻辑推理的实现。

图 5—5　通过猫的运动触发"警报"（鸟作为"传感器"）来获取信息

经历一个月的观察，我们发现猫可能会"走访"这个社区的不同区域。虽然这种运动可能会存在一定的趋势，但也需要经过数月的采样周期，才能精确地定位"受影响"区域。因而，所要分析的数据量也是相当大的，有些数据还需要存储，并利用大数据分析智能体进行再评估，根据历史数据来预测其可能的运动趋势。

随着时间推移，我们注意到这种"小"数据模式会在黄昏及夜晚的时候反复出现。那么，"大"数据智能体就能够推断出，某种夜行动物（如猫）正在对"参考"信号造成"扰动"。由独立的"啁啾"甚至它们的组合所构成的"小"数据，在某种程度上是难以理解的。然而，这些数据可经过处理形成更相关的模式，反过来用于获取环境感知信息，而实际上这些环境信息本身并没有在每次"小"数据传输中出现。

无论是在自然世界，还是在物联网中，利用一些小事件去推理某个复杂事件或趋势都是相当困难的。我们可能需要通过一个控制系统组件——"贝叶斯推理"（Bayesian reasoning）[1]，来从参考信号干扰中滤除噪声。基于观察的"小"数据事件完成"上行"传播，用于"大"数据分析和决策。最终，无数"啁啾"形成的大量小事件与复杂事件的分析融为一体。

这里的案例只描述了一个社区中的一种事件（鸟鸣），接下来，我们将会进行更多、更丰富的具体分析，其中汇聚单元将"社区"的概念进一步扩展至主动搜索，并引入亲缘关系。

---

[1] 贝叶斯推理是在经典的统计归纳推理（估计和假设检验）基础上发展起来的推理方法。与经典方法相比，贝叶斯推理不仅要考虑当前所观察到的样本信息，而且还要考虑推理者过去相关的经验和知识。——译者注

社区与亲缘关系

物联网社区可以被认为是一些感兴趣数据源的集合，这些数据源通过汇聚单元进行筛选和收集。利用程序设计能够控制某一特定"啁啾"数据流的定位和"订阅"，例如，在某四个县辖区监控所有农田的湿度传感器。

在这种情况下，社区是按照地理因素所定义的，因此，汇聚单元可以从众多候选中挑出感兴趣的数据流，例如，搜索设备类型的某一特定"标识"（来自"啁啾"帧的标签，参见第 6 章）以及转发节点所添加的位置信息等。汇聚单元"订阅"这些数据流，不仅可以建立当前状态的"快照"信息，而且还能随着时间的推移来观察其中的变化。最终，这些数据可为人们生成必要的分析报告或警报信息。

然而，上述案例与点对点的 IP 数据流关系类型并没有太大的区别。实际上，物联网社区完全不需要受地理位置、设备类型或其他任何特征的约束，也不需要人们对其进行预先设置。反之，物联网社区可以从非常宽范围的小数据流中收集"啁啾"。

例如，通过"订阅"土壤湿度传感器、温度计、天气预报、库存水位、每日电价费率、农作物高度及成熟度的视频图像等数据，人们就可以建立一个非常高效的农田灌溉模型。利用该模型就能实现向农场工人输出分析报告，或者在必要的时候由汇聚单元对阀门进行有效的控制（参见图 2—8）。

在现实世界中，利用数据源和数据流（来自物联网终端设备、全球互联网或其他数据源）可以反映独立却又相互作用的各种元素，即数据的"亲缘关系"。实际上，这种数据亲缘关系的分析能力比程序员的提前预测能力更为强大。鉴于此，通过物联网汇聚单元的内部智能化操作，其底层软件架构完全支持潜在感兴趣数据源的独立搜索。这种智能的亲缘关系搜索机制将在第 6 章进行更详细的探讨。

当然，并不是每一个汇聚单元都具备这种独立的数据搜索能力。在很多情况下，汇聚单元的作用主要限制在某个特定的应用或区域，部分原因在于其成本及控制等因素；同时，由于需要分析的数据量较少，汇聚单元也支持一些更为廉价的计算平台。

公共 / 私有"啁啾"

汇聚单元具备广泛的架构定义和丰富的应用功能，这就意味着会存在不同种类的社区。通过在"啁啾"结构中引入公共 / 私有标签可以决定各种社区的类型（详见第 6 章）。正如上述鸟鸣案例，其"啁啾"结构包含了寻址和负载信息，但若没有适合的"密钥"，这种信息是难以理解的。

与传统 IP 组网中的虚拟专用网络(VPN)有些类似，携带私有标签的"啁啾"可与携带公共标签的"啁啾"并肩作战，从而遍及更为广泛的网络。在汇聚单元"发布 / 订阅"模型中，只有终点那里才会提供安全保障。对于树木而言，某种特定的花粉颗粒可能在任何方向上进行传播，然而只有一个需要"获取"这种消息的接收者（花）会对其起作用。因此，携带私有标签的"啁啾"只对某个预期的汇聚单元起作用，而对其他任何设备可能都是无效的。

在 OEM 环境中可以发现这些私有"啁啾"，例如，对于柴油发电机监控及必要的维护调度（如燃油不足、轴承过热、滤清器阻塞等），可能需要为特定的厂商提供类似的应用，当然这只是针对那些在保修期内的组件。

其他"啁啾"（可能占大多数）主要是公共的，可供任何"感兴趣"汇聚单元进行检索，从而将这些"啁啾"数据流创建为一个信息社区。在新兴的社交网络中，个人可以公开各种各样的可用信息，同样地，某些类型的终端设备也可能只使用公共标签，因此，任何需要搜索和"订阅"该设备的汇聚单元都能够接入这些"啁啾"数据流。然而，"订阅"只是汇聚单元的专属功能，终端设备并不具备这种功能。

　　物联网大数据应用最为强大之处在于，对公共／私有"啁啾"数据流及小数据流的融合，如图 5—6 所示。因此，私有和公共"啁啾"数据流共用转发节点网络的混合环境是相当普遍的。

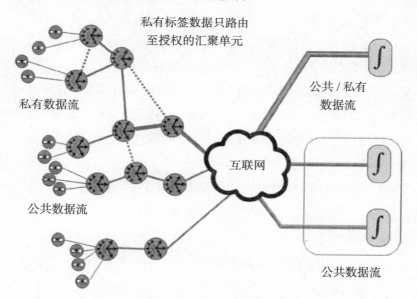

图 5—6　公共／私有"啁啾"数据流的混合组网环境

"偏见"优势

　　通过汇聚单元在无数"啁啾"数据流中选择亲缘关系，从而形成非连续的信息社区，其中的潜在力量是非常可观的。而在物联网中搜索来自期望设备的特定"啁啾"数据流，也是一个重要的方面。特别是对于那些超越通用功能的 OEM 和专用网络，一些网络优化的方法是相当有利的。

正如第 4 章所述，有一类转发节点内置了发布智能体，可接入一个甚至多个汇聚单元。这些发布智能体与汇聚单元的互补进程发生交互，从而使转发节点优先传输某些类型的数据包，执行专用"啁啾"封装，处理重复"啁啾"（或阻止欺骗），以及代表汇聚单元所执行的其他任务。

通过这种方式，汇聚单元能够建立首选网络，优化数据流，并搜索特定类型和位置的终端设备。这种发布智能体与汇聚单元之间的交互可能是专有的，也可能是更加开放的。专用交互是相当直接的，因为汇聚单元和转发节点之间存在基于 IP 的连接。因此，转发节点和汇聚单元之间的数据流可按照类似软件定义网络（SDN）的模式进行安全优化。

然而，在公共的（或混合的）环境中，情况更为复杂。因为转发节点可能同时在为多种"啁啾"数据流服务，"偏见"必须以一种既非专有又非永久的方式来定义。汇聚单元对这样的发布智能体（非专有）产生的影响以一种有机的方式此起彼伏。与特定的汇聚单元进行反复交互，使得转发节点更加支持"发布 / 订阅"需求，如图 5—7 所示。

然而，随着时间推移，如果这种交互停止或频率降低，转发节点将恢复到混杂（非"偏见"）传输模式，或者切换到另一个汇聚单元，通过更积极的偏置显示更多的"兴趣"。这种偏置的权重和持续时间可以在转发节点内进行配置。

搜索与管理智能体

内置发布智能体的转发节点通常会突出关联终端设备（包括通过其他转发节点沿着"树"状结构接入的更多设备）的相关信息，包括设备类型、位置及其他特征。汇聚单元可利用这些信息来识别那些提供感兴趣"啁啾"数据流的发布智能体。还有另外一种安全专有模式，即转发节点不会发布可用的数据类型，而是专门针对汇聚单元的编程指令来执行数据转发。

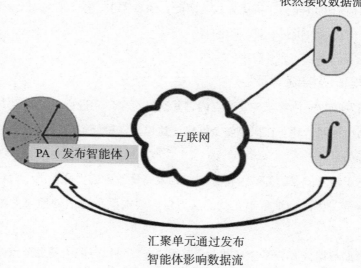

图 5—7　汇聚单元与内置 PA 的转发节点进行交互

　　汇聚单元与某个或多个（经常）发布智能体建立连接，从而读取数据，然后设置某些参数。这些内置发布智能体的转发节点通常被置于物联网"分支"的逻辑"结点"处，从而创建有用的管理和控制节点。既然发布智能体总是驻留在配备 IP 网关的转发节点之内，那么它们与汇聚单元之间的交互可以直接通过标准的 IP 协议来进行。

　　汇聚单元"偏见"设置包括目标"啁啾"数据流（每个"啁啾"、周期的"啁啾"、只有状态发生变化时才产生的"啁啾"等）的传输频率、异常处理、多播封装 / 裁剪等。转发节点将公布新发现的候选"啁啾"数据流，并将其列入潜在的首选转发列表中。汇聚单元也会限制某些"啁啾"数据流的转发，从而抑制那些不必要的冗余数据扩散。

特定的汇聚单元对某个发布智能体的偏置并不是永久有效的，随着时间的推移，如果最初请求的汇聚单元没有"增强"优先级，那么其他汇聚单元的请求也可能会获得优先权。因此，随着需求、季节性或其他因素的变化，网络可以进行有机的重配置。

高级与低级控制"环"

当发布智能体置于转发节点内，并通过汇聚单元进行偏置时，本质上存在两个组网"环"在操纵整个网络，这也是这种架构所带来的一个有利的副产品。

基于转发节点的终端设备处理方式距离设备更近，可提供更为合理的资源分配。因此，汇聚单元就能从海量的终端设备通信处理事务中解脱出来。

诸如数据裁剪与聚合等更为普通的任务，可以分配给转发节点内部的"发布／订阅"智能体。然后，"控制环"有效地分成两个同步控制环路：其中一个环路介于终端设备和"发布／订阅"智能体之间，另一个环路介于这些智能体和与其关联的"订阅"汇聚单元之间。

在传统的基于 IP 的瘦客户端[①]模式中，设备与服务器之间也存在着一种有效的控制环，因此，端到端延迟、差错校验与修正等技术都是非常必要的（更不用说每个设备所配置的高代价完整 IP 协议栈，如前所述）。然而，既然"发布／订阅"智能体位于转发节点内，终端设备就可以继续通过简

---

① 瘦客户端（Thin client）指的是在客户端—服务器网络体系中基本无需应用程序的计算机终端。它通过一些协议与服务器通信，进而接入局域网。——译者注

洁的"啁啾"协议进行交流。终端设备数据流被转换为小数据流,然后汇
聚单元可对其进行"订阅"。如图 5—8 所示,通过两个独立的控制环,
使得整个网络架构可扩展性更强,效率更高。

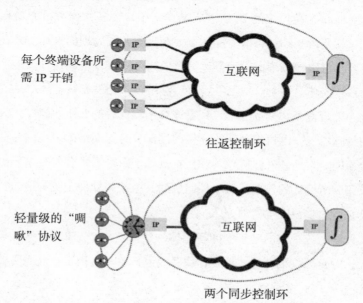

图 5—8　物联网同步控制环与传统 IP 控制环之比较

　　在这种和谐的分布式环境下,本地转发节点内的发布智能体可以作为
汇聚单元的一个扩展,用于管理那些令其感兴趣的异常事件,这是一种更
高级的控制环。而数据裁剪与聚合之类的任务则分配给更低级的控制环。
因此,网络的往返开销就可以大大减少。

　　以火星探测器作为类比,地面指挥中心只关注"感兴趣"的发展动态,
而传感器 / 执行器的本地控制则由驻留软件智能体进行自主操作。这样就
可避免火星与地球之间不必要的往返开销,从而提供更为合理的任务和资
源分配,也更为有效地降低了业务负载和服务器负载。实际上,发布智能

体所输出的数据是更为友好的、已编辑的小数据流。

　　无论是基于 IP 协议，还是基于"啁啾"协议的设备通信，分层的控制环一定会比往返控制更为有效。

　　相对而言，在传统的 IP 瘦客户端模式中，很多数据解析需要在云端进行，这就要求终端设备产生的数据要满足大数据处理的格式。而在物联网中，置于低级控制环内的智能体可有效减少终端设备的这种负担。

　　内置智能体是一种"双语"设计。终端设备与发布智能体之间的对话可能是一种语言（"啁啾"），其更适合于较低级的交流。同样，火星探测器的传感器——电机控制环所使用的词汇，与地面指挥中心的命令控制环完全不同。本地软件使传感器和执行器处于一个紧耦合的控制环内，从而有效完成所设计的任务。低级控制层的其他相关软件主要为地面指挥中心提供必要的细粒度层次划分。

　　大数据系统常用的基于中间智能体的架构，与"发布/订阅"模型非常接近，因此可以很容易地扩展到物联网汇聚单元架构中。云服务器可通过 Web 服务订阅多种数据源，而大数据系统可被视为"交易市场"，发布者与订阅者（或数据提供者与消费者）可以在此相遇并进行交流。这种"交流"是企业的中间件软件在网络协议栈第七层以上所提供的一种服务。例如，著名的 Tibco 公司就致力于为发布者和消费者提供一个实时的业务解决平台。各种各样的应用软件利用通用的、可扩展的实时发布/订阅"交流"架构来处理业务。这些模型的存在使得汇聚单元数据的引入更为明确。

人机接口与控制要素

　　在物联网中，汇聚单元搜集各种由"啁啾"组合而成的小数据流。与前面鸟鸣案例中的人类观测员有些类似，汇聚单元可以观察来自无数"啁啾"业务的模式，并对相关事件进行分析，然而，人类观察员很难直接去深层理解这些"啁啾"信息。

因此，汇聚单元就成为一个将数据转化为人类所理解信息的重要接口，用于生成强调现场状态的分析报告，或者估算某些事件的阈值，并发出警报等。

例如，如图 5—9 所示的某个发电厂，需要监控成千上万个数据点，用于采集温度变化、振动、油液渗漏及其他相关数据。汇聚单元不仅可以监控独立传感器的超差值，而且还能通过安装在不同设备上的多类型传感器分析参数变化的相互影响。如果没有独立的传感器报告超差状态，很多相关位置的温度与振动的增加，是否就预示着某个潜在的故障点正在形成呢？汇聚单元可以分析并报告这种状态（甚至安排预防性维护），从而避免未来峰值负荷下意外的故障停机。

汇聚单元以互补方式进行预期的终端设置或配置，并在网络中进行数据分发。在此案例中，汇聚单元可能会下达较宽泛的指令（如"减少用电量"），从而导致很多位置上各种不同的终端设备都成为受控目标，也许还会按照特定的顺序执行指令。汇聚单元可能会根据每日电价费率、天气情况及其他相关信息来决定在哪个区域需要减少多少用电量，并根据全球阳光照射情况进行重配置或关机处理。

顾名思义，汇聚单元的一个主要特性是对信息的智能理解与整合。为了使物联网能与人类进行交互，一些潜在趋势和突发事件报警等对比信息，将成为汇聚单元最重要的输出结果，这也充分利用了海量物联网终端设备的强大潜力。

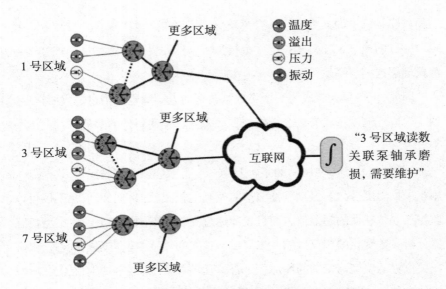

图 5—9　汇聚单元对某发电厂的运行状态进行监控

机器与梅特卡夫定律

然而，除了人机接口之外，物联网汇聚单元在纯粹的 M2M 网络中也发挥着巨大的作用。根据梅特卡夫定律，一个通信网络的"价值"与参与成员数目的平方成正比。随着大量的汇聚单元相互进行通信与协调，信息、资源和调度可以在无需人为干预的情况下进行共享和优化。

例如，通过太阳能板和风能资源组成发电机社区，构建一个智能电网，可用于支持家居用电高峰时段的超负荷运转。汇聚单元与各种发电机和家用电器进行信息交互，通过分析设备何时使用率高以及典型耗电量有多大，从而更好地节约联合资源，并充分利用最廉价的资源。然后，这种分布式系统可以利用"贝叶斯推理"在最优时隙进行资源调度。

随着时间推移，汇聚单元内部的机器学习智能体，可能会建议某些功能进行更好的"融合"。顾名思义，融合功能指的是汇聚单元所监控的终端设备社区之间的紧耦合及自治能力。

"社交网络"的汇聚单元很显然具备更广泛的事件和趋势认知能力，因而可提供比任何独立的汇聚单元更有价值的分析。

协作调度工具

协作调度是利用 M2M 汇聚单元进行交互的一个潜在驱动力。上述案例只是一个实例化体现，汇聚单元将在更广泛的应用领域发挥更有力的调度效能。

其所采用的基本调度原则主要包括"集群"和"规避"，其中"集群"是指将某些活动、事件或元素聚集在一起，从而创造更高的效率（例如，相邻地址的多个邮包可共用同一辆货车进行投递）；而"规避"是指将它们分开才能创造更高的效率（例如，很多送货卡车必须共用同一个装卸码头）。交互的汇聚单元通过考虑各种数据源并提供"背压"，进而重新调度某些事件或任务，随着时间推移还可通过学习与优化更好地利用稀缺资源。

封装与配置

如前所述，物联网汇聚单元是在通用处理器（具备适当的性能特征与接口）上运行的软件系统。随着最低必要标准和开源代码的发布，各种不同的组织与个人能够快速创建可在不同平台上运行的汇聚单元软件。

这些应用通过集中式程序设计来满足特定的需求，但会创建具备基本功能的开源软件模块，从而加快汇聚单元的部署。这些开源组件是物联网发展蓝图的重要组成部分（参见第8章）。实际上，汇聚单元软件可以在任何类似智能手机的设备上运行，因而其分析和控制功能可以扩展至任何尺寸的现有硬件平台之上。

分布式汇聚单元

到此为止，有关汇聚单元的讨论均假设其处理器位置距离与之交互的终端设备较远（物理上或逻辑上）。这对于物联网的绝大部分应用而言都是相对合理的。如前所述，在一些典型案例中，数据率较低，任何独立的"啁啾"传递都是非关键的，而且同步也并不重要。然而，这并非在任何地方都是真理。

以视频监控应用为例，想象一下在某架飞行中处于颠簸状态的航班上的乘客会怎么说："飞行是极端恐怖中的无聊时刻。"绝大多数情况下，视频监控数据流都不会发生太大变化，如走廊或未开启的机舱门等画面。然而，这些不变场景所创建的数据量却非常大，具体取决于所使用的视频编解码器（CODEC）。

假如所有这些视频数据都通过网络传输到远端汇聚单元，所需带宽、传输延时和抖动（延时的波动）可能非常大。但是，如果在有摄像机的位置安装分布式的汇聚单元，大量数据处理将可以在本地进行，只有当某些异常或事件（如有人进入摄像头视野范围）发生才会向远端控制中心发送消息，并触发和记录实时视频流。

同样，本地汇聚单元也可以为过程控制和其他实时功能提供最好的服务，如图5—10所示，通过温度和流量传感器所产生的"啁啾"来解析局部状态，然后根据这些信息发出"啁啾"指令用于调整阀门设置。

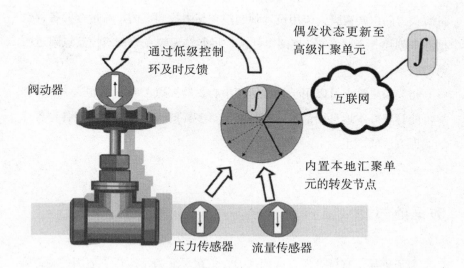

图 5—10　分布式汇聚单元实现分层控制架构

对于物联网边缘设备而言，利用最小的功率和空间来实现紧致的汇聚单元是非常必要的，因此，也就需要诸如英特尔夸克（Quark）系列处理器之类的微型封装片上系统（SoC）解决方案。相对于全定制硬件系统而言，这些紧凑的微处理器系统依然运行着标准的操作系统软件，也成为快速开发和部署分布式汇聚单元的最佳选择。

大多数汇聚单元都使用典型的通用处理器，但一些分布式汇聚单元也可以在定制硬件上实现，而且通常会与终端设备或转发节点组合封装在一起。

位置、位置还是位置

应用设计师需要确定物联网汇聚单元的最优位置，它们要考虑汇聚单元在受控设备附近所带来的效率，同时还要考虑其远离（逻辑上）终端设备所获得的广阔视野，应用设计师期望在其中找到平衡。通过合并各种数据源来创建一个"发布/订阅"社区，将能够超越在分析或控制点附近所谓的效率。

相关的决策点可以用于设置指挥中心（监控点）的"原址"入口，并尽可能管理好本地可用信息。物联网丰富多样的应用自然会促使各种各样的调度方法的产生。

数据流过滤

为了更易于软件开发及应用扩展，汇聚单元通常运行于通用的硬件架构之上。尽管这种类型的设备非常适合处理海量物联网终端所产生的数据，但对于互联网接口而言并不是最优的。在这些海量数据流中，存在很多毫无价值甚至带有恶意的数据，可能会接入某个毫无防备的个人电脑或服务器以太网接口。

在繁忙的应用程序中，既要处理所有的这些业务流，还要设法找到有意义的物联网小数据流，这本身就会造成主处理器因过载而变慢，同时也会降低其处理汇聚单元主要任务的能力。因此，这种新的物联网架构考虑增加一个称为"过滤网关"的辅助设备。

如图5—11所示，过滤网关位于全球互联网和通用处理器之间。它的本质功能类似于一个"双臂"路由器（如千兆以太网入/千兆以太网出），可以提供网络服务、安全和防火墙功能。过滤网关简单地丢弃无关数据，从而减轻运行汇聚单元软件的通用处理器的负载压力。

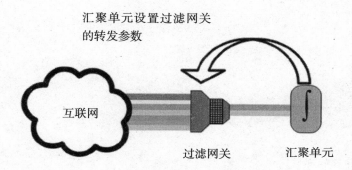

图 5—11　过滤网关充当防火墙并用于负载转移

现有的路由器或安全设备硬件也许能够适应这种角色。除了现成的或开源的设备之外，发布智能体成为过滤网关内部的一个核心软件。它所执行的功能与转发节点内部的发布智能体相同，允许汇聚单元通过前面所描述的偏置技术"协调"其发送和接收的数据流。

体验物联网之力量

汇聚单元将物联网终端设备产生的无数数据流转化成丰富的"发布 / 订阅"信息源，并从原本混乱的数据中提取有意义的信息。在第 6 章中，我们将会详细探讨这种新的物联网架构协议。

RETHINKING THE INTERNET OF THINGS

A Scalable Approach to Connecting Everything

边缘架构

　　在前面的章节中，我们介绍了物联网的总体架构，探讨了诸如简约自分类"啁啾"协议、树状网络和"发布 / 订阅"模型等概念。另外，还介绍了这种新兴物联网的核心组成模块，包括终端设备、转发节点（及关联的发布智能体）和汇聚单元（及关联的过滤网关）。本章将更深入地探讨物联网的架构细节，首先在边缘网络形成"啁啾"数据流，然后通过转发节点网络进行传输，最后在"发布 / 订阅"模式的物联网世界中得以应用。

　　这种物联网架构的核心理念在于，将组网代价及复杂度隔离在转发节点上，从而使得海量终端设备采用更简易的组件和结构。物联网的中间组件在原始的"啁啾"数据和有意义的大数据之间筑起了桥梁。假如转发节点已具备较强的组网能力，那么终端设备就可以通过简易的专用语言和词汇进行沟通，以满足它们所设计的最低需求即可。每一种类型的设备完全可以使用它自己的专用"啁啾"格式（"方言"），并不要求每个终端设备都采用标准的通用语言。因此，终端设备通常保持着简洁的风格，然而转发节点（包括内置的发布智能体）则可能会非常复杂。

取代 IP 之必然选择

除了效率（大数据包格式）之外，某个 IP 数据包的负载字段内还需要支持不同的传输协议，而不是采用一种新的描述语言，其关键因素在于需要支持"一对多 / 多对一"的发布 / 订阅架构。

IP 报头内的包类型标识提供了驱动传统 IP 路由所需的重要信息。假如为了支持海量的物联网终端设备使用 IP 协议，则需要为其增添大量新的分组处理器、字段和协议等，这无疑会对其规模、领域和可管理性提出重大挑战。路由器也需要更新软件以获悉如何为这些新的数据包提供路由。因而，这些新的软件将要在整个核心及边缘路由器网络进行重新部署，其规模之大令人难以想象。

IP 格式当初设计时只考虑了帧类型路由处理器的粗分类，如语音、视频、网页浏览及文件传输等。面向具体应用的细粒度划分（如设备、传感器、湿度、设备类型 A 等）很难用传统的格式来表达，毕竟传统格式旨在解决基于 IP 地址和 MAC 标识符的"面向发送方"的通信问题。假如要在 IP 数据包的负载字段内表达此类数据粒度，这种对等过程将深入每一个负载，从而严重减缓每个网络设备的业务流量。这些都是面向发送方的点对点 IP 业务流的固有局限。

一个正愈演愈烈的大问题

对于一些装置、传感器和执行器来说，尽管有很多预期的分类，但物联网毕竟是一个持续发展的领域。如果为了应对各种类型终端设备的路由需求，在传统的 IP 路由器内置入专用的帧处理器，那简直就是天方夜谭。如图 6—1 所示，新类型的终端设备（及其组合）将会不断地加入到物联网中。另外，对于传感器和执行器之间的半自主关系，也非常有必要进行实时的本地控制，如图 6—2 所示，创建 M2M 通信的本地化社区才刚刚起步。

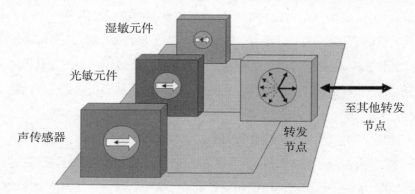

湿敏元件

光敏元件

声传感器

转发节点

至其他转发节点

图 6—1　利用集成封装架构和自分类 "啁啾" 协议进行组网

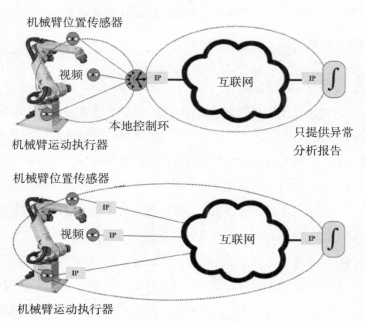

机械臂位置传感器

视频

互联网

本地控制环

只提供异常分析报告

机械臂运动执行器

机械臂位置传感器

视频

互联网

机械臂运动执行器

往返控制环易受延时、抖动和丢包的影响

图 6—2　利用本地控制环管理实时需求并转移网络开销

这些新的应用需要创建它们自己专用的小数据流以及紧耦合的本地控制环。IP 及骨干网路由的标准委员会制定标准的进程经历了一个很长的时期，我们是完全可以理解的，毕竟这是为了保持 IP 协议几乎可用于所有通信网络（包括物联网）的现状。尽管如此，依然还需要更为有机的底层架构，且不受现有数据传输与分析技术的制约，从而快速适应新的终端设备。

建立基于"啁啾"终端设备的主要原因在于，其固有的简洁性以及另外一个事实，即"啁啾"协议可以有机进化用于支持设备自分类。这曾经是梦寐以求的事情，更不用说如何去定义"啁啾"与人类及整个世界的信息交互。仅仅用基于 IP 的传输机制会使得这些新的"发布/订阅"关系负担过重，而且也会导致那些新产品的开发者难以施展拳脚（或产品一旦设计出来所涉及的生产、管理与维护等）。

一个受大自然激励的选择

为了应对海量规模及泛型广播等问题，自然界通常采用面向接收者的传播架构。花粉"发布者"（植物）本身并不知道"接收者"（花）的具体地址，也不清楚它们的最终目的地在哪里。基于花粉种类的鉴别机制是面向接收者的，即自分类的花粉只要沿着所有可能的方向传播即可，并非基于某个目的地的固定传输，也不需要按照预先定义的点对点关系进行流动。"订阅者"完全有义务来决定到底是接收（目标花蕊）还是拒绝（因过敏而打喷嚏）这些花粉。自然环境中的分类发布（由属类和物种所定义）通过更有效的方式在花粉与花蕊之间建立连接，然而大自然也允许其随着时间推移而进化与演变。因此，花粉"协议"携带了用于接收者识别的自分类标签，当然它们也可能随着时间而发生改变。

基于分类的协议

　　物联网"啁啾"结构中类似的可扩展协议又会如何呢？自然界的DNA 测序存在着可识别的基因编码链。通常这些特定的基因序列可用作一种识别不同 DNA 序列的标签，当序列发生重复的时候，其中的关系也就显现出来了。随着科学家的深入研究，基因指纹鉴别法展现出了较强的可扩展性，而且能够更深层地探测更小的信息序列。这些标签在 DNA 序列内部指明了有意义的位置。

　　在大自然的"发布／订阅"世界里，花粉正在被发布给订阅者——花蕊。授粉本质上是一种选择性的模式匹配。同样的逻辑将应用于物联网的"发布／订阅"世界中。在这种情况下，转发节点网络并非像风一样杂乱地散播花粉，而是利用"啁啾"帧结构将数据定向发往某个合适的"接收者"。

　　"啁啾"帧特意不设置目标地址，因为在一个"发布／订阅"的世界里，需要"接收者"来挑选"啁啾"数据和小数据流。那么，当第一个转发节点接收到这些"啁啾"之后，到底需要做什么才能将这些数据发往正确的方向呢？通常，转发节点需要整合并裁剪这些"啁啾"数据，然后形成多"啁啾"帧，并将其传输到合适的相邻转发节点处，最终投递给汇聚单元。

"啁啾"帧结构

　　一个系统能有效地定位终端设备"发布者"和汇聚单元"订阅者"，并能开发出正确的路由方案，这正是发布者和订阅者的共同兴趣所在。如前所述，转发节点需要来自终端设备的类型描述，才能更好地发挥中介的作用，那这种信息描述到底是怎样的呢？

作为类比，我们不妨再次考虑鸟鸣"啁啾"，基于对单独鸟群种类的研究来组织这些声音，通过啁啾/音调/旋律来对鸟的类型进行辨识。因此，那些对白鸽旋律感兴趣的"订阅者"就可以按照鸟的分类来接收声音记录。这种分类需要支持不同级别的粒度，因为一些鸟类爱好者可能只对他们家附近的白鸽感兴趣。在设计这种分类字段时，应该考虑足够的灵活度，从而支持更深层次的信息挖掘。

实际上，旋律/音调和DNA结构都包含了信息标签链，可用于为类成员提供一个共有模式。对于物联网"啁啾"帧的内部标签也是如此，这些标签出现在特定的位置，并具备明确的预定义模式。

众所周知，对于全球电话拨号系统而言，在已知的标准位置能发现粒度递增的相关信息。国家/地区代码、区号、交换机和用户识别等逐步用于某个电话的路由，以到达最终目的地。

在物联网中，最终目的地可能并不知晓（还是由于物联网的"发布/订阅"特性）。因此，"啁啾"也必须以类似的细粒度方式进行自分类，从而使得其他网络元件能够对其产生影响。

例如，某个给定的"啁啾"类别可能包含一个8位的标签，通常总是位于比特流的第四个字节。如图6—3所示，"啁啾"帧的偏置标签反映了这种自分类模式。

下面通过一个例子来分析这种类别划分的表达方法。首先考虑一个4字节的分类组合和一个附加的8比特标签字节，可以表示为4.8（XXXX），其中XXXX指更多的细粒度级别，通过8比特专用标签模式和4字节分类组合来指定。在这种情况下，8比特的标签阐释了如何解析4字节的公共分类，包括终端设备类型（如湿度传感器和路灯等）以及这4字节的数据组成结构。这种4.8的模式能为转发节点进行基本的路由决策提供足够的信息（见下文）。

　　具体信息可以从 8 比特的标签中获取，这种 8 比特标签模式形如
1.1.1.1.1.1.1.1（或 255）。这个 255 的值意味着上述 4 字节格式中的每一
个都是 1 字节的分类子类。因此，每个 4 字节分类都可以看作是 A.B.C.D
的格式，其中每个字母占据 1 字节的空间，代表某个子类。那么，这种分
类的完全阐释可以表示为 4.8.255.A.B.C.D。

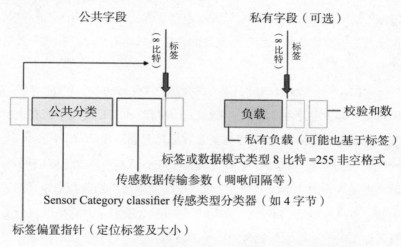

图 6—3　标签偏置指针用于公共 / 私有标签的自分类识别

　　当然，"啁啾"帧还包括实际的传感数据负载，然而到目前为止，我
们还并未进行讨论。之所以如此，是因为考虑到转发节点通过接收到的数
据前导字节，即可完成快速有效的路由，并不需要对"啁啾"帧进行更深
层的挖掘。

　　因此，通过快速的位掩码就能搜索如 4.8.255 类别中的所有发布者。
如果内置发布智能体的转发节点想要对"啁啾"识别标志进行更深层的细
粒度区分，还需要参照分类字段内的 A.B.C.D 映射或隐式标签。如下所示
即为某个"啁啾"帧所提供的连续渐进的分类模式：

4.；

4.8；

4.8.255；

4.8.255.A；

4.8.255.A.B。

根据所访问的内部字段数据，转发节点就能提供多个级别的寻址粒度，当然也能通过发布智能体识别完整地址的含义，从而对整个"嗵啾"帧进行处理。

最简单的 4.8 分类足以满足粗聚类的要求，具有相同"外衣"的"嗵啾"可以聚集在一起（参见本章专栏"传输巴士调度"），但转发节点在进行传输"巴士"调度及路由时，也可考虑更多数据用于支持额外的细粒度级别。

一些较大的传输"巴士"能够覆盖整个 4.8.XX 类别，然而对于那些数据请求更加频繁的较小的"摆渡"巴士，可能需要更精确地指定其感兴趣的数据，如 4.8.255.A.B.C.XX。利用不同的粒度级别，"嗵啾"自分类能更有效地驱动"多嗵啾"帧传输巴士的装载，也包括所装载的内容以及传输的频率等。

注意 A.B.C.D 与 B.A.C.D 完全不同。通常，ABCD 四个字母组成的词汇具有 $4 \times 4 \times 4 \times 4$ 或 255 种非空组合。

显然，这 255 种组合能够为 4 字节分类方式提供很大的灵活性。正如 DNA 一样，尽管遗传字母表非常简洁，却能描述复杂的类别模式。同样，在很短的"嗵啾"帧内也可以表达各种异常信息内容。

实际上，这种分类系统确实非常灵活，一些最简单的数据负载可以在公共分类中进行表述，而无须单独加载，这些负载通过几个字节就能表达清晰的基本状态信息。

"啁啾"特征识别信息

除了分类信息之外，鸟类的啁啾还包含了个体特征及私有信息。大自然的"随机数发生器"使每一只鸟儿的啁啾音质都有所区别，这就形成了一种身份识别的特质。因此，虽然鸟类都使用统一的啁啾协议以及相关的共享词汇，但雌鸟还是能识别每只幼鸟独特的啁啾。

物联网"啁啾"帧内所对应的这种个体识别特征，可参见图6—3的"传感数据传输参数"，结合图中的"传感类型分类器"，可将"啁啾"识别参数概括为如下两点：

- 具有独特模式的"啁啾"协调；
- 包括某些特定（尽管不唯一）终端设备识别的公共分类信息，如设备厂商库存量单位（SKU）号码的最后四位；
- 另外，所连接的转发节点还提供了附加的识别信息；
- 基于亲缘关系。例如，某个终端设备与厨房转发节点相关联；
- 基于位置关系。例如，在厨房里接近烤箱的位置（根据信号强度进行分析，并非逻辑连接）。

因此，"啁啾"协调（如最后4个SKU位）、位置及亲缘等信息进行组合，就可以共同定义某个独特的终端设备（传感器或执行器）。虽然并非全球唯一，但这种组合依然足够用于区分绝大多数应用，因此，绝对唯一的地址也不是必需的。

既然这种组合的构成要素（如"啁啾"传输模式）是随机的，那么组合本身也具有随机性。它们并不需要像IP地址或MAC标识符那样独一无二，自然也就不存在全球数据库维护的负担。本地"相当明显"的幼鸟啁啾差别，完全可以满足雌鸟的识别需求。同样，对于转发节点来说，本地"相当明显"的终端设备差异也完全够用了。

个体数据通常出现在私有字段，但也可能出现在公共字段。例如，一些通用类型的终端设备（温度传感器）可能根本就不需要私有字段，因为其数据并不考虑任何安全因素。

"轻量级"的差错检测与安全机制

标签与公共分类的组合能够提供第一层的轻量级差错检测。例如，假设前面所述 8 位标签请求一个 4 字节的分类信息，但是却发现一些其他的无关数值；既然识别出其中的错误，那这个"啁啾"数据将被丢弃。同样地，如果标签受损，与正确的分类信息不吻合，此"啁啾"数据也会被丢弃，这正是"啁啾"帧内标签为何出现在分类信息之后的原因，其在不增加任何额外开销的情况下，建立了一种简单的差错检测机制。

"啁啾"帧内部更深层次出现的错误，有可能会躲过第一层的差错检测，但标签与分类之间的任何不匹配最终还是原形毕露。因为任何转发节点都会在"啁啾"数据流内进行序列比对，错误的"啁啾"终被丢弃。另外，由于"啁啾"通常是重复产生的信息，单个受损的"啁啾"丢包不会造成重要影响。而且，这些受损"啁啾"在合并为 IP 数据包之前，正在逐步被裁剪或删除。

与 IP 数据报头功能所不同的是，这种轻量级差错检测容许少量错误通过部分本地网络进行传播。但每个"啁啾"帧所节省的费用是非常可观的，毕竟通过网络处理一些受损数据包所花费的代价很小。

一般 "啁啾" 处理

上节所述的更深层"啁啾"帧检测，主要适用于包含"发布 / 订阅"智能体的转发节点网络。如果转发节点没有安装发布智能体，小数据流就可以通过网络拓扑结构和公共标签内的传输"箭头"进行管理（要么发给汇聚单元，要么发给终端设备）。

因此，上行链路和下行链路（参见第 4 章）的网络拓扑结构，可用于协助数据朝着正确的目标移动。注意，所考虑的两个方向既涉及转发节点拓扑结构，又包括混合网状网络中基于 IP 的树状结构。

匿名 "啁啾" 传输

某些级别的 "啁啾" 分类可能需要匿名传输。这些 "啁啾" 期望转发节点在各个方向对其进行重传，直到有合适的发布智能体或汇聚节点发现它们为止。

匿名 "啁啾" 数据流相当于在物联网中创建一个 VPN，非专用发布智能体和汇聚单元难以辨认这种 "啁啾" 类别。虽然这些 "啁啾" 还是通过转发节点网络进行传输，但它们通常不能按照原样经过 "啁啾–IP" 接口。在这种典型应用中，存在一个特殊的转发节点，内置对应的专用发布智能体能够通过 "密钥" 对数据包内的私有信息进行解析。然后，转发节点生成相应的 IP 业务流，经全球互联网传输到汇聚单元进行处理，当然汇聚单元也成为匿名网络的一部分。

"4.0" 类型的 "啁啾" 表示一个位于字节 4 上但未指定长度的标签。位掩码过滤智能体能定位类似的半匿名 "啁啾"，因为它们清楚这种标签意味着什么。注意，这种标签可以是任意长整型或短整型。短标签可能会增加与其他类型标签发生误判的概率（如，4 比特标签 1.0.1.1 与 8 比特标签 1.0.1.1.0.0.1.1 的前 4 位相同）。当然，发布智能体也可以从数据包的主链中收集相关信息，滤除非预期或受损的 "啁啾" 帧，不允许它们通过 IP 网络。

"0.0" 类型的 "啁啾" 不会指明标签的位置或长度，属于完全匿名的状态。转发节点可能会沿着上行 / 下行树状网络连续重播这种 "啁啾"，最终使其到达某终端设备、发布智能体或汇聚单元（取决于传输箭头）。既然本地"啁啾"设备只有通过转发节点才能接入 IP 网络，因此，IP 业务拥塞的状况得以限制。

在某些情况下，这种"0.0"类型的"啁啾"可能只会指定传输"箭头"（上行 / 下行）。由于每种类别都有自己的"词汇和语言"，私有定义的"0.0 啁啾"类别，可能会选择使用帧内某个独特的位置作为传输"箭头"。通常选用灵活且安全的语言来定义数据位流的具体含义，因为这些语言是面向接收者的，且不需要转发节点对其有更深的理解。

基于 IP 的终端设备可能也会用类别模式作为它们数据分类机制的一部分。在这种情况下，IP 数据报头会指定终端设备 MAC 标识符或序列号，其通常随分类信息一起位于数据负载之内。然后，汇聚单元内部的 IP 智能体或内置于转发节点的发布智能体，就可以实施终端设备识别与分类。因此，汇聚单元能处理通过 IP 传统互联网传输的、由"啁啾"数据流聚合而成的小数据流，同时也能处理更复杂的通过本地 IP 收发的终端设备业务。

同样，终端设备可能包含某个特定的 IP 地址，并以私有负载或公共类型进行传输。转发节点内置发布智能体的"啁啾"接口可接收这种"啁啾"数据，然后按照这个特定 IP 地址传输的需求进行数据裁剪和重新封装。

灵活的"啁啾"信息传输

如果"啁啾"终端设备共用同一无线媒介（如 WiFi），那公共分类字段的一部分也将包含"啁啾"传输特性。换句话说，即使绝大多数终端设备本身并不能对"啁啾"结构进行调整，但基本的"啁啾"结构也必须支持网络的灵活性。那些更智能、更灵活的设备应该能够感知到，在指定的时间间隔内哪些简易的"啁啾"设备处于活动状态。

因此，转发节点和那些更智能的终端设备都需要获取相关数据，用于分析终端设备通常在什么时候以什么频率产生"啁啾"，当然还包括它们所使用的模式（类似旋律和节奏）。那么，各个网络组件可确保能清晰地识别和监听各种"啁啾"，而且不受来自相同"信道"的其他设备"啁啾"的干扰。正如自然界一样，鸟鸣啁啾经常会发生交织重叠，但鸟儿可以感知彼此的存在，并主动避免同时传输啁啾信息。

这些数据也使得转发节点可以在某些时段选择更为智能的"啁啾"设备。另外，在核查了本地客户端设备传输模式之后，转发节点能够发送请求去改变某个终端设备的拨码开关设置。特定的终端设备标识是否支持这种灵活性，也是这种模式标签的重要部分。那么，经过进一步的协调，使得"啁啾"节奏具有足够的区分度，这样转发节点就能通过传输模式，很容易地识别每种终端设备的"产物"。

可扩展、非唯一、模式驱动

接下来，我们将进一步深入阐述"啁啾"的具体架构，主要包括所定义的各种模式，从而提供更深层的细节分析。具体细节如下：

- 所传输的"啁啾"属于什么类型？
- 这种数据"发布"的频率如何？
- 其"发布"频率模式是怎样的（或许是动态的，或者需要随着时间推移进一步观察，这就意味着需要深入学习与探索）？
- 各个"啁啾"设备的突出特点是什么？例如序列号、位置和属类等；
- 传输模式需要什么信息，才能使更智能的设备在没有干扰的情况下分享同一传输媒介？

如果某个特定模式是已知的，那所有这些信息可以很容易通过基本的位掩码进行识别。例如，某转发节点得到指令，要在所有 4.8.11 数据包中查找位单元 13，如果该位为"1"，就表明这是一个"单元故障、类型 1"的通用标志。转发节点需要将这些信息转换成一个 IP 数据包，然后转发给"啁啾"帧另一字段所指定的制造商。

如前所述，公共字段定义了"啁啾"类别，用于传输"巴士"的调度以及数据包的封装。若没有这些分类信息，转发节点将无法判断往哪个方向发送这些数据包，因为传输"巴士"需要利用这些信息来决定其在树状网络中的上下行路线，而且当存在多个"订阅者"时，还需要这些信息来确定在哪儿"克隆"更多的数据包用于多播传输。

另外，私有字段通常指明了这样的信息，即某个特殊的终端设备正在"说"什么，以及这种终端设备的专属信息。私有字段使用了与公共字段相同的概念，但它用自己的标签和定义来说明那些模式意味着什么，以及私有字段标签所指示的位置信息等。例如，相对于 4.8.11.A.B.D.C 类型来说，4.8.11.A.B.C.D 类型可能会在私有字段上使用完全不同的机制。

"啁啾"帧的公共和私有部分可以通过一个已知的、可变长的"公共字段结束标签"进行区分。例如，结束标签可以是 4 比特或 8 比特，这主要取决于是否需要 15 或 255 种不同类型的（公共）"啁啾"模式。

一些默认的公共标签可以通过某些标准机构或工作组的协商而定（详见第 8 章）。这些标签可以留作某一专属类别的终端设备制造商共同使用，例如，所有的湿敏元件制造商都可以使用一个如 A.B.C.D.E.F 这样的 6 字节类别地址。

分类字节大小

如图 6—4 所示，许多简单的设备可能只需要 1 字节的分类信息（255个变量），以及另外的 4 比特模式类型标签。因此，这 255 种分类号的每一种，都可以通过 15 种不同的方式来解释，那么，对于 1 字节的分类字段来说就存在将近 212 种解释。类似地，6 字节的分类字段支持（248–1）个变量，每一个又支持 255 种模式（8 比特标签）。这种描述终端设备类型的"基因序列"，利用可扩展的格式就能以多种方式进行表达，当然，随着时间推移还可以定义更多额外的类别。

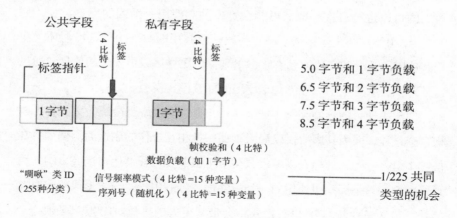

图 6—4　"啁啾"数据包可通过标签灵活定义格式

对于非匿名（非 0 字节）公共字段，标签类型提供了所有对其进行解析需要的信息。这种模式定义了内容分段所在公共字段的位置。因此，简单的设备通常可使用较大的公共字段，其所包含的数据也是公共的，而且不需要任何私有字段。

定义 0 字节的位置就意味着不存在公共字段，这种标签类型指向一种位于（空）公共字段之后的数据模式，可提供私有字段解析所需的信息。然后，这种标签模式可用于分析接下来的有效负载是什么，其灵活的使用模式已超出了最初的预期用途。一个标签模式及相关数据包分类就可共同组成一个 IP 数据包负载，这关系到基于 IP 的传感器数据流，其更倾向于自身的 IP 连接，而非通过转发节点桥接的"嘲啾"到 IP 模式。

标签模式模板

在"嘲啾"帧的指定位置共用同一种标签类型，使得同类传感器制造商之间可以进行合作。他们可能会赞成共同使用一系列的标签类型（如200 ~ 220），这些标签位于同一字段，但其中的每一个标签可能还会使用其他字段（公共字段或私有字段）来提供更详尽或更安全的信息。通过这种合作，就产生了一种可共享使用的标签模式模板。

创建一种新的标签类型（如 221）可能就不再需要传统的集权标准机构审查过程，因为其影响仅仅局限于那一批相互合作的制造商。例如，在位置 1 引入一种新的标签类型，只会对 1 字节公共分类用户造成影响，而且所影响的只是那些想使用同一类标签模式号的用户。与之形成鲜明对比的是，定义一种新的 IP 报头格式将会带来更大的挑战。IP 报头必须完全遵守 IP 需求以保证可读性，其中的任何变换都可能会影响所有用户。

因此，这种标签模板就形成了一种有机的、可进化的模式掩蔽机制，从而可协助汇聚单元更深层地挖掘公共字段及分类 ID。同样，这种机制有些类似于 IPv4 或 IPv6，也是整个 IP 地址的一部分。

然而，IP 寻址是基于终点的方式，因此，当数据包到达目的地之后，有效负载才能被提取出来。那么，这些信息或许还是针对专用设备的，但必须是可抽象的。然后，对数据进行裁剪和聚合将产生小数据，经过大数据服务器（如 Apache Hadoop）的分布式处理，这些小数据成为"可发布"

的数据。最终，这些小数据将被植入基于 Web 服务的"发布 / 订阅"架构之中。

　　既然物联网使用了"喁啾"分类标签模板，这种情况将会变得更为简单。转发节点所产生的小数据流更靠近终端设备源，因此，这些数据可能在紧耦合的"传感 – 控制 – 执行"回路中发挥实时性的影响。基于"喁啾"的业务是可分类的，为了获取细粒度分类，需要在转发节点网络的某一层加载合适的发布智能体，或者通过"喁啾"感知的汇聚单元进行加载，因为汇聚单元擅长挖掘整合之后的小数据 IP 包。

　　分类信息是连续字段的比特流，就好比 DNA 序列中的链状结构一样。了解如何对其进行剖析，将有助于更好地解析终端设备"喁啾"类型。但仍然需要更多的数据处理，从而使得汇聚单元"订阅者"对更细粒度的分类产生兴趣。随着"喁啾"数据汇聚成小数据流并在整个网络中流动，信息持续分发给那些感兴趣的汇聚单元"订阅者"。如果这些订阅者愿意的话，它们还可以通过请求更广泛的分类搜索，进行更深入的数据挖掘。正如第 5 章所述，可以通过转发节点内的发布智能体进行偏置处理。

　　然而，即使不存在发布智能体，所需的最低级粒度也只是标签位置及其序号。因此，一个 6 字节、4 位、1.0.1.1 数值的标签，足以使得"喁啾"朝着合适的 06.4.11 类型智能体进行聚合，而此智能体可能存在于另外一个转发节点或汇聚单元中。

细粒度的智能体控制

　　在具备 6.4 传输巴士协议的第一个智能体中，专用的 6.4.11 进程能够继续挖掘分类模式，并揭开另外两个子类，其中每个子类使用 1 字节的模式描述进行说明。这种可扩展的分类可以解析为 6.4.11.250.250。那些愿意接受这种层次细节的"订阅者"，通常会留意携带这种分类信息小数据流的可用性。利用一种可变的模式模板结构，终端设备"啁啾"就能非常明确地朝着某一类智能体进行传输。

在转发节点路径上的发布智能体，允许特定类型的"啁啾"流在某种程度上管理承载其自身的网络，因为制造商能够决定那些智能体在此路径上的位置，如从 6.4.11 开始，并逐渐变得粒度越来越细。

用于数据包聚合的传输"巴士"调度，是由业务量以及具体的投递时序所驱动的，这取决于"订阅"的汇聚单元。小数据流的大小和内容需要有效管理，以确保能在动态变化的场景中实现及时投递。既然对"啁啾"分类的深入挖掘可能更易接近"啁啾"发布者，那么实际上这是一个更易于处理的问题。然而，通过驻留在本地转发节点内部的智能体对 6.8.001 到 6.8.255（8 位标签）进行模式匹配，可能需要更强大的 CPU 处理能力。这对于企业应用的转发节点来说是非常合适的，但对于家居应用而言，配置将严重过度。

因此，多种类型的转发节点应运而生，其中某些可能用于产生特定类型的小数据流。又或者提供 SIM 卡槽，这样还能支持其他类型的"啁啾"帧处理发布智能体。对于一些处理传输"巴士"的专用功能，可能会固化到特定的硬件里，而其他一些功能也可能通过软件智能体或 App 来实现。

传输巴士调度

传输"巴士"装载流程大概类似于我们乘坐适当的公交线路到达对应的目的地。对于第一天上课的小学生来说，他的可用信息来自于其名片上的乘客姓名及年级。如果有些学生不清楚正确的线路甚至不知道终点地址，那监督巴士运输的教师就必须十分清楚线路网络，并立即做出正确的判断，决定哪辆巴士应该搭载这个乘客。

那么，转发节点负责收集所到达的"啁啾"数据包，并指定最适合搭载这些数据包的"巴士"（传输路径），这主要由"啁啾"帧标签所提供的公共信息来决定。如果转发节点网络中使用了发布智能体，"啁啾"帧将进一步被核查，从而确定它们应该如何进行转发，或者是否需要丢弃。

最终，只有像汇聚单元这样的订阅接收者才能查看完整的"啁啾"，从而决定是否存在接收者正在寻找的信息。转发节点只需要来自"啁啾"帧标签的最基本信息，用于进行初步的路由决策。当然，数据也可能会存在一些小的变化，毕竟这些数据并不需要保证零差错。只要标签没有损坏，故障数据仍然可以沿着网络找到自己的路径。

转发节点只要简单地获悉数据传输的方向即可，根据标签内部的传输"箭头"决定在树状网络中的上行与下行。对于这种树状结构的线性阶 $O(n)$ 路由来说，其实并不复杂（参见第 4 章专栏"树之规模"）。注意，这并不是传统传感器网络（如 ZigBee）的 P2P 对等模式，其路由计算需要 $O(n^2)$ 的复杂度。因此，对于树状结构而言，知道方向（上行/下行）就足够了，而且某个终端设备"啁啾"数据包的方向应当指向"订阅者"所在位置。

分类路由

网状转发节点网络的共享路由表可以持续跟踪客户所在位置，包括"啁啾"设备和发布智能体。某些"啁啾"路由智能体可能位于"啁啾"到 IP 之间的网桥上，能够安全地访问整个分类特征，解析其内容并决定下一步应该如何处理。

"啁啾"数据在有效路径上经过选通、过滤以及细粒度的筛选，此过程类似于邮件投递的邮政编码分类。符合"标准"模式（体积和重量）的邮件首先进行高效处理，易于处理的部分完成之后再处理其他邮件，这实际上也正是贪婪算法的工作原理。灵活的"啁啾"格式所付出的代价在于，存在一些非标准的封装类型，即使效率较低，但也必须要处理。

为了获取本地裁剪与整合的最大效率，最好的方式是让发布智能体更易接近原始的终端设备数据流。此时，发布智能体可以发挥更多的控制权，决定转发什么以及如何转发。订阅模型将会承担其中传输与裁剪的代价。

转发节点除了要构建小数据流"巴士"以完成整合任务，还需要根据其"订阅者"的偏好进行数据裁剪。法国葡萄酒之乡的远程湿度传感器所产生的数据流，上行传输至美国亚马逊托管的云服务器，可能流量非常小，但考虑到类似传感器的数量众多，其 IP 业务依然非常重要。既然 IP 业务并非免费资源，那就需要控制哪些是必须要经过 IP 进行传输的数据，具体来说，就是针对数据源附近的冗余数据进行裁剪（在汇聚单元处与之相反）。

例如，在某网络中可能存在少量 4.8.XX 类型的"啁啾"终端设备，其他都属于 2.4.XX 或 6.8.XX 类型。那么，将 4.8.XX 类型智能体移至能处理更多该类型"巴士"的转发节点处，是一种较为合理的做法。然后，考虑到此类终端设备及其"订阅者"所在位置的分布，至少会暂时需要一个 4.8.XX "巴士"中心的"枢纽"。某些"啁啾"也可能需要多跳传输，然而规模化经济理念使得 4.8.XX 类型巴士传输及调度变得更容易，而且代价更低。

转发节点可对网络的动态加载进行审查，通过 IP 连接下行至"啁啾"终端设备，形成混合的树状网络结构（包括 IP 设备和"啁啾"设备）。系统管理员被告知最佳位置，用以定位转发节点的发布智能体，从而可以改变数据路径及流向。另外，如果发布智能体处于移动状态（并不是固定在某个特定物理设备中），那网络就能够自主地移动此发布智能体，使整个数据流达到最优化。这就类似于通过改变物理网络拓扑，从而满足不断变化的延迟及吞吐量需求。

负载管理

无论是物理网络还是逻辑网络（基于发布智能体和汇聚单元所在位置），最终都将趋于稳定，并设法去适应其拓扑结构，从而为小数据流提供可靠且可控的传输"巴士"调度及线路。

"啁啾"在其传输路径上的每一个转发节点处进行合并、裁剪和聚合，这主要取决于网络拓扑结构和（如果存在）发布智能体。由于很多因素使得此过程非常必要，如丢弃一些冗余数据、需要发现新的路径、传输失败及拥塞发生时重选路由、结束汇聚单元订阅功能等。因此，物联网的"发布"与"订阅"双方总是在积极地进行动态调整。

转发节点组网与操作

上述"啁啾"结构及路由算法，可通过转发节点与传统互联网组成的网络付诸实施，如第 4 章所述。考虑到之前所讨论的各种原因，物联网为其网络组件选择了树状网络结构，从而形成了一种最具扩展性也最有效的自组织网络架构。在物联网的边缘，转发节点网络将各种终端设备连接在一起，且并不需要端到端的 IP 连接。

树比人的寿命更久，其具备高度可进化的网络架构，效率高且适应能力强。这种结构是递归的，即树的任何部分都可以复制同样的结构。地下的根是一颗倒置的树，树枝是水平的小树，所有这些部分都通过树干相连。在树状网络中，有些数据直接通过"根节点"到达树干，而其他数据可能需要借助中继节点。分支的逻辑和物理网络通常遵循一个简单的规则，即

"上行链路"（分支的头）总是只有一个。音叉型分支（有三个头连接至树干）被认为是自然界的一种畸形。实际上规则很简单，唯一的上行链路可确保 O（n）的路由复杂度，因而，网络的可扩展性也成为可能。

物联网之树

这种新的物联网架构效仿了自然界中树木的结构。例如，考虑如图6—5 所示的四个转发节点 P0、P1、P2 和 P3，其中，P0 可直接接入 IP 网络，因此成为"根"节点；P0–P1–P2 可形成一种"珍珠链"式的结构，为"啁啾"客户端 C3 和 C4 提供中继功能。C3 和 C4 继承了 P0.P1.P2 的血统，因此可认为是同胞关系，当然这种"血统"也成为它们身份的一部分。

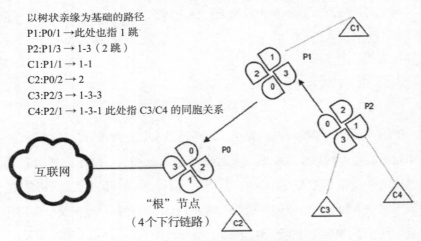

以树状亲缘为基础的路径
P1:P0/1 →此处也指 1 跳
P2:P1/3 → 1-3（2 跳）
C1:P1/1 → 1-1
C2:P0/2 → 2
C3:P2/3 → 1-3-3
C4:P2/1 → 1-3-1 此处指 C3/C4 的同胞关系

"根"节点
（4个下行链路）

图 6—5　转发节点形成高效的树状网络

转发节点构成一颗子树，最简单的例子正如 P0–P1–P2 的"珍珠链"结构。在这样的链路中构成连接至少需要两种接口，即上行和下行链路收发器。这里的"收发器"可以是任何形式的网络连接，如具有各种速率及不同协议类型的有线或无线连接方式。每个独立的传输路径或通道就是一个网络"槽"，在不断变化的拓扑结构中可以作为一个链路。一般来说，"上行链路"相当于朝着 IP"根"节点移动，而"下行链路"则远离根节点。

例如，P1 的槽 0 到 P0 的槽 0 是一个上行链路；P2 的槽 3 是一个下行链路，而 P2 的槽 0 则属于上行链路。按惯例，除了根节点（P0）外，槽 0 通常指的是上行链路。"根"转发节点只有下行链路；或者说，其上行链路是连接到某个汇聚单元或（更普遍）全球互联网的 IP 桥接。

图 6—5 所示的转发节点具有四个收发器，它们可能采用红外发光二极管或其他短距离无线收发方式。这些收发器被置于转发节点周围，朝着任意方向。转发节点周期性地扫描周边环境，并重新调整 / 分配这些"槽"，从而保证总会有一个上行链路可以连接到其"父"转发节点。这个选择取决于可用的最高效吞吐量，一直追溯到"根"转发节点。

父节点并不总是按照到根节点的最小"跳"数（在整个链路中，"跳"用于转发节点计数）选择。例如，P2 也许能够"发现"P0，但是 P0 与 P2 之间的直连吞吐量，还不如 P0 到 P1 再到 P2 的整体路径。假如并非如此，逻辑上 P2 将重新调整其上行链路，槽 3 则成为面向 P0 槽 0 的上行链路。

因此，具备任意方向槽的转发节点可能会在逻辑上重新分配槽 0 到槽 3，从而确保上行至根节点的网络连接。槽 0 到槽 3 可进行动态重分配，以保持一种有效的树状网络拓扑。

转发节点通常置于可连接到终端设备的地方，并且能够形成如前所述的转发节点之间的分支树链，然后一直追溯到"根"节点（桥接至 IP）。转发节点的主要功能是上行传输"相关"的数据。某些情况下，数据以公开方式混杂转发，只是简单地按照传输"箭头"（朝着终端设备或汇聚单元）进行传输。

对于其他情况而言，根据汇聚单元的偏置请求，驻留在转发节点内部的发布智能体能够接受或拒绝某些数据类型，这些类型信息包含在"啁啾"数据流的标签之内（如前所述）。

明智选择父节点

从最基本的层面上来说，转发节点实际上就是中继，可以在树的分支与"根"节点之间构成连接。转发节点一旦上电，最本能的行为就是去关联一个父节点，通过该节点可以提供上行至根节点的路径。一般来说，父节点离根节点越近当然越好。因此，基本的优先原则是连接低跳数的父节点，如 0 跳表示根节点，而 1 跳则表示隔一代传输，以此类推。

总体而言，可以预期物联网的绝大部分业务主要通过互联网朝着汇聚单元移动，因此，越靠近"根"转发节点，存在的流量和带宽竞争越激烈。那么，转发节点除了在其连接"区域"内搜索候选的父节点之外，还必须能够发送"探测请求"用于确定传输信号质量。另外，每个设备还需要知道存在多少个"同胞"转发节点，需要与其竞争接入 IP 根节点。这里的"同胞"是指连接到同一父节点的所有转发节点。

由于"同胞"转发节点是其自身子树的一部分，那这些同胞的后代也会间接地争夺父节点资源。总之，转发节点在选择父节点之前，必须对大量信息进行筛选。而且这种情况可能会发生难以预知的变化。因此，非常有必要对某个候选父节点发出简单的通告信息。基本上，连接节点会通过管家帧发送它们的"血统"及连接"代价"，例如：

- 名称；
- 当前父节点名称；
- 到达根节点需要多少跳（"跳数成本"）；

- 使用此转发节点的 "接入代价"（如可用性）；
- 基于转发节点当前可用的处理能力；
- 基于活动的 "啁啾" 终端设备数和转发节点后代数量；
- 回溯至根转发节点的整个链路质量（速度、可靠性等）。

因此，可以使用 "名称－父节点名称－跳数－接入代价" 定义一个广播信标。转发节点的名称并非全局唯一，只有在其家族子树内才是唯一的。那么，只要家族路径保持唯一，转发节点的名称可以复用，一直上行到达根节点为止。两个 "同胞" 转发节点不能共用同样的名称，所以，当一个新的转发节点与当前的子节点具有同样的名称时，它不能获准加入子树。

对加入子树的决策进一步简化，主要看潜在的某个父节点的 "接入代价／跳数成本" 之比是否满足当前 "啁啾" 帧的需求，这些 "啁啾" 是子节点将要传输的数据。实际上，候选转发节点并不知道这些数据配置是什么，毕竟它尚未加入该网络。

然而，此转发节点可能已经连接了邻域的某些 "啁啾" 设备，而且可以执行一些初步的配置分析，假设这是一个代表性的样本集。按照类似的性能分析，如果连接到转发节点的终端设备能够接受更大的延迟，那么更高的跳数代价也是可以接受的。否则，就切换到距离根节点更近的某个转发节点，但是可能会产生较高的接入代价。这大概近似于接入 "啁啾" 设备时的实际链路质量。

我们很容易发现，如果转发节点进行草率的连接，随后或许又要切换父节点，这当然会产生高昂的代价。转发节点频繁地切换父节点会造成本地振荡（在子树之间来回切换），最终会渗透到顶部，极大地降低了整个网络的效率。

尽管子节点不停地进行切换，父节点（包括同胞）可能不会"放弃巢穴"，而是简单地去维护这种混乱局面。因此，在这种分层控制系统中植入衰减函数，可用于管理树状的网络拓扑。切换权限可延伸至双方子树的父节点，因为它们都会受到切换的影响。如果那些父节点的后代经过前一次切换已经安定下来，新的切换才能得到许可。

扫描与切换

为了搜索候选父节点，每个转发节点必须定期扫描其周围环境，最好是对收发机可用的多频率、多协议的"信道"进行广泛的扫描（信道可以是任何形式的有线或无线连接）。如果转发节点存在一个额外的专用扫描接口，则其传输"啁啾"的正常功能就不会中断。否则，转发节点必须向其父节点提出一个"午休"式的扫描申请，然后使用其射频接口去进行频率扫描，而不是连接到父节点的那个接口。此时，转发节点需要从它的父节点那里辨别出即将要使用的链路，从而"把握所有信息"。在此期间，终端设备客户端实际上会暂时断开连接，如图6—6所示。

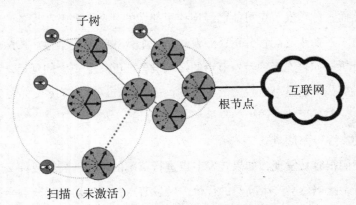

图6—6 转发节点在扫描期间临时控制网络业务

　　一个父节点可能会有多个扫描请求，需要按照某些加权的轮询方式进行授权，例如，会倾向于有更多客户的子转发节点。利用这样的轮询机制，父节点的每个同胞都会得到一个定时的"午休"时间，因此，同一时间内不会出现两个同胞节点扫描，自然它们也不会错过对方。同胞节点可能彼此了解，但并没有相互的探测请求，所以它们对信号强度和链路质量也知之甚少。另外，由于当前父节点的同胞也是潜在的父节点候选，它们可能都不会处于扫描模式。因此，扫描请求应当由父节点的父亲（祖父）来授权。同样，对转发节点进行切换的决策也至少需要由申请节点的祖父进行处理。

　　通常，子树内部的变化并不会对祖父节点上行吞吐量造成影响，因为子节点的父辈存在亲缘关系。如果转移请求发生在父节点同胞范围之内，所造成的扰动是可控的、暂时的。那么，预期的候选父节点至少需要其祖父来提供最终许可。

　　对于跳数较少的网络拓扑来说，让根转发节点来处理切换和扫描申请，效率会更高。由于根节点还要处理"嘀啾"到 IP 的接口，通常具备更高的处理能力和更大的存储容量。作为"嘀啾"数据流的众多"枢纽"之一，根节点也是发布智能体驻留的逻辑位置（等同于汇聚单元）。

　　其中一些发布智能体可能也希望在网络拓扑变化上有一定的发言权，因此，它们也是用于管理物理网络的控制层的重要元素。由于物理网络与逻辑网络相互映射，改变网络拓扑的唯一选择是，根据总体的接入代价 / 跳数成本的指标来移动转发节点的连接。总之，网络拓扑管理需要与终端设备流量以及订阅需求动态匹配。

　　正如蜂群中的"工蜂"一样，从网络边缘一直到根转发节点，每个转发节点的主要功能都是相同的。它们希望改善自己的命运，但都会以长期的网络稳定性为目的。这就好比蚁群或蜂群，共同的利益会带来绝对的影响。根节点可能会指导某个转发节点去切换父节点，从而更好地组织即将发布的小数据流；或者指导一个节点与某个"嘲啾"终端设备取消关联，让另外一个同胞节点来收养这个"孤儿"。随着时间的推移，每个同胞转发节点都可能变成专用枢纽，为终端设备集群及此社交网络提供更有效的路由。类似地，树木为了改善其生长环境，也会自适应地在阳光和阴影中发生变化。正如树木一样，自适应树状网络受到整个树的共同利益驱动，包括所有的网路元素以及网络边缘的"嘲啾"终端设备。

专用和基本路由

尽管多数情况下转发节点之间要通过 IP 进行连接，可扩展的"嘲啾"协议还是会提供不同粒度级别的信息。另外，还存在一些专用的转发节点，只用于连接其他的中继转发节点。这些转发节点会将自身的中继能力集中在某些特定类型的"嘲啾"终端设备上，从而形成一种专用的、私有的逻辑"嘲啾"网络。这些专用转发节点会利用普通转发节点为其提供路由和传输，而实际上被传输数据的含义只有在专用转发节点内部才能获取。

为了支持更广泛的社区路由申请，所有的转发节点需要相互协作，从而尽可能为更大的网络提供服务。因此，基本路由是共同协议和语言的组成部分，而基于专用的 / 发布智能体的路由则是扩展部分。

基本路由类似于图 6—7 所示的两层有线以太网交换机协议栈及其对应的无线网状网节点协议栈。在两种情况下，树状拓扑都能确保可扩展的 $O(n)$ 路由开销，其中每种情况都只有一条上行链路。两层（交换）网络的"平坦性"使得网络不再需要额外的路由处理及协议（如基于路由器的全球互联网）。

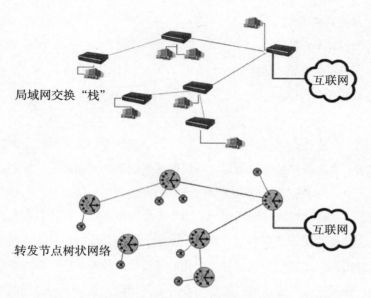

图 6—7　转发节点树状网络获取更合理的路由效率

管理帧提供网络智能

如前所述，转发节点所传输的基本"管理"信息必须至少包括跳数成本、接入代价和父节点名称。需要父节点名称主要是为了某个潜在的子节点能直接与该父节点进行对话。通常祖父节点管理扫描和切换事件，因此，它判断一个可用的、较好的父节点的位置，但也是很懒散地执行扫描。转发节点需要等待某个潜在的父节点的父亲进行授权，直到扫描完毕。这种延迟可以确保建立连接后，不必因发生后续扫描而切换至一个更好的候选节点上。祖父节点在其中起到了积极主动的作用。

因此，所有转发节点传输的最基本的管理帧必须包括：

- 我的名称；

- 我的父节点名称；

- 我的跳数等级（从根节点计算）；

- 我的接入代价。

刚刚上电或还未连接的"孤儿"转发节点在执行扫描期间，会向其附近的在网节点发送并接收探测请求。根据这些信息，"孤儿"转发节点能够按照父节点的名称来推断哪些候选节点是同胞关系。假如它加入任何一个同胞，就一定会对同一颗子树内的协作关系深信不疑。这样具有最小变化的冗余路径使得该节点得以"幸存"，而子树其余部分一直到根转发节点都不会因同胞之间的切换而发生变化。路由信息只在最后一跳才需要进行更新。相反，如果子树的同胞作为备份不可用时，整个子树之间的切换会更为频繁。因此，幸存者更倾向于加入具有更多可接入同胞的子树。

延时与吞吐量的权衡

管理帧的交互使得"孤儿"可以发现存在的潜在父节点。通过探测请求可判断潜在父节点之间的距离，从而确定有效的链路质量，除此之外，该选择过程还包括拓扑分析。某个"珍珠串"链路中可用的总吞吐量就是指最差链路（指最差"性能"的链路）的吞吐量。

因此，候选父节点可能会接收很多 Ping 命令，从而测试一直到根转发节点的总体链路质量。通常，每一个转发节点都存在固有的偏好，用于选择最佳的"血统"进行连接，但其中也需要权衡利弊。理想情况下，一切都是平等的，转发节点只想与根节点建立尽可能近的连接，因为物联网的大部分业务都是上行数据流。然而，对于某个直接的或跳数更低的无线连接，有可能物理上转发节点之间的距离更远，则其链路质量会比通过更多中间转发节点进行路由更差。

　　在前面的例子中，如果更倾向于较低的跳数成本，则随着接入代价和跳数成本之比对树状拓扑的影响，所有的上行业务一直到根节点的总体回程链路的吞吐量会降低，如图 6—8 的右侧子图所示。然而，当更多地考虑低速链路的接入代价时，图 6—8 的左侧子图所示拓扑结构通常效率更高。

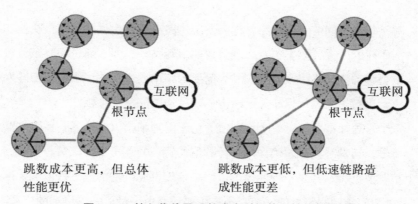

跳数成本更高，但总体　　　　跳数成本更低，但低速链路造
性能更优　　　　　　　　　成性能更差

图 6—8　接入代价及跳数成本对拓扑及性能的影响

　　除了通过 Ping 命令来确定整个链路质量之外，候选父节点能否为一些额外的请求提供服务也促成了最终的决策。如果该节点已经处于饱和状态，且考虑到其处理能力有限，那么想达到较高的总体回程链路吞吐量将成为空谈。接入代价可以提供在可用性等级方面的节点信息。如果选择了较高接入代价的转发节点，就需要考虑其自身的限制，并保护其现有客户不被挤出。因而也形成了一种"忠诚"思想，转发节点会倾向于加入那些能证明具有健康特性的子树（如存在多个可接入的同胞）。

更新路由表

一旦加入网络，转发节点必须开始为周边的"啁啾"广播提供中继转发。尽管也允许多个上行链路服务不同的树（避免循环），但转发节点通常只有一个上行链路用于保持树状结构。无论是针对相同的还是不同的无线接口，多个下行链路都可以同时为"啁啾"和 IP 业务提供服务。而上行链路则要么基于"啁啾"传输，要么基于 IP 传输（如 WiFi 或以太网）。

对于每个不同的上行链路，都需要维护路由表以提供两层网络交换功能。沿着树的分支，数据包要么朝着树的上行移动，要么通过中间子节点朝着下行移动。最终决策要按照一个简要的路由表进行，该表由每个转发节点负责更新，主要依据相关子树内周期发送的完整管理帧。

每个管理帧都会标记一个计数值。由于管理帧会以广播形式在多个路径上传输，转发节点必须确保同一计数值的管理帧不再重新广播。另外，每个转发节点（及其发布智能体）可以决定提供此广播的上下行范围。例如，某个切换到同胞节点的父节点不再需要比路由表最后一跳更远的广播。

最终，每个转发节点需要知道以下信息：

- 其直系子节点；
- 如果是中继转发节点，其子节点等；
- 能作为候选父节点的邻域转发节点；
- 当前总体链路质量及吞吐量；
- 扫描之后，候选父节点的总体链路质量。

随着时间推移，由于当前父节点及其替代节点获取了更多数据，反复切换的成本也随之降低。这些信息使得本地层次的网络趋于稳定。

当前子树的所有成员（至少）直到祖父级节点都可以获取路由表。每个转发节点熟知其后代的整个子树，至少包括两跳以下。而且，这些信息在某种程度上可能不相干，因为所有要传递数据包的子节点都知道如何进一步转发数据。祖父节点所需要知道的是"啁啾"父节点所在的大致位置，也是其后代子树的组成部分（路由的大致方向即可）。如果"啁啾"设备四处移动，发给它们的几个数据包发生了丢失（"啁啾"协议并没有重试或重传机制）。对于关联的每个"啁啾"子节点，转发节点需要获取以下信息：

- "啁啾"设备子节点的直系父节点；
- 子树（家族）内该父节点的位置；
- 从根转发节点到"啁啾"设备存在的路径。

有些"啁啾"帧会被多个转发节点接收，然后它们会按照传输"箭头"的指示方向重新转发这些数据包。然而，在不同情况下，数据包通过"啁啾"设备的直系转发节点进行标记，这也是一个家族树的最后一部分。因此，多个转发节点收到附近的"啁啾"数据之后，这些"啁啾"数据包将分别通过不同的转发路径沿着上行传输。当然，存在着多条可用的家族传播路径。

当需要冗余机制时，多条传播路径将变得非常有用。但对于"啁啾"传感器数据来说（假设任何独立的"啁啾"相对不重要），情况却并非如此，因此，祖父节点这一级需要对多路径进行裁剪。"啁啾"数据包只通过一个节点进行转发，通常会选择距离最近因而链路质量最好的节点。其他的节点可能也会接收到这些"啁啾"，但往往会忽略它们。这样，该"啁啾"设备就被分配了唯一的家族或到根节点的转发路径。因此，即使是单向传播的"啁啾"数据流，也需要对冗余业务进行裁剪。

本地智能体及汇聚单元之力量

当本地智能体植入转发节点后，一个可扩展的树状层次化驱动的控制系统就诞生了。利用滤波器逐步减少上行冗余数据，并定义优选的线路或终点。经过多重规则的逻辑筛选，上行"喞啾"数据进一步得到提炼，此时真正的小数据流产生了。

在这种物联网模型下，随着"喞啾"数据流朝着IP根节点进行传输，内置智能体的转发节点沿着传输线路部署在一些战略位置（通常位于分支处），执行本地数据的裁剪、聚合及异常处理，从而减少流量并提高负载性能。由于多个智能体可以对相同的数据进行处理，根据时序需求进行某种形式的协同调度和共享是非常有必要的。

物联网内部的任务调度

在这种新的三层物联网体系架构中，转发节点负责管理终端设备与汇聚单元之间的聚合数据流。当这些转发节点引入发布智能体（及必要的IP接口）之后，它们就可以获取汇聚单元（作为"发布/订阅"架构的接收方）提供的两个重要信息块，主要包含如下信息：

- **针对路由**。汇聚单元的位置，用于搜索特定类型或发起位置的数据流（参见第5章描述的发布/订阅"社区"）；
- **针对调度优先级**。数据投递的时序需求（过时数据可能不具价值，因而不需通过网络转发），以及预估数据到达汇聚单元所需的时间。

汇聚单元与发布智能体之间的通信需要通过IP接口进行，主要利用标准的表述性状态传递（RESTful）[①] 或简单对象访问协议（SOAP）[②] 等架构。

　　通过交换管理帧和观测的业务路由延迟等信息，转发节点可以计算需要花多长时间在其托管的"嗰啾"网络中传输数据包，并跨过"嗰啾"到 IP 的网桥。在"嗰啾"一侧，延迟通常更具确定性：到根节点跳数的简单统计在很大程度上定义了该延迟。在 IP 一侧，情况可能更为复杂一些，因为存在很多其他社区的各种设备也需要共用 IP 通道。

　　然而，转发节点会与目标 IP 地址定期保持通信。RESTful 架构 API 内的简单 ACK 协议，能够提供当前或未来的 IP 业务估计。按逆向推理，转发节点可以反演计算"嗰啾"传输巴士的负载应该什么时候离开，这就提供了协作调度和堆栈管理的常规方法。调度程序也可能会推动聚合（堆积），以确保在不同时刻对"巴士"容量、传输频率和 IP 开销等进行合理的折中。

　　较小的巴士负载将会因紧急的乘客而更加频繁地离开，而其他乘客可能会以更低的代价搭乘更大的巴士，而且切换更少。有些巴士到达较早，其他则较晚，但调度堆栈通常可主动进行管理。"嗰啾"数据包的供求及到达，是由动态的订阅需求所驱动的，这是一种自适应的目标优选形式，主要依据"嗰啾"的使用期限及汇聚单元所产生的订阅需求信息。

更高层的交互

　　汇聚单元与过滤网关之间使用了基于 IP 的标准协议。另外，根据已

---

① 表述性状态传递（REST）是一种软件架构风格，REST 指的是一组架构约束条件和原则，满足这些约束条件和原则的应用程序或设计就是 RESTful。——译者注

② 简单对象访问协议（SOAP）是交换数据的一种协议规范，是一种轻量的、简单的、基于 XML 的协议，被设计成在 Web 上交换结构化和固化的信息。——译者注

知的和新发现的数据源，同样也可以利用 IP 协议在两个或更多的汇聚单元之间建立关系，随着时间推移可建立、修改或丢弃相关的社区。

如第 5 章所述，在某些应用中汇聚单元与转发节点并肩作战。分布式的汇聚单元可能相对简单，但它们的优势在于支持同一数据的多重解析能力。如果任何数据都要往返传输于远程汇聚单元之间，则会造成更大的延迟；而分布式汇聚单元可以使用明显更低的延迟进行实时的响应。也存在一些情况需要一直上行传输"啁啾"数据，例如火星探测器。当延迟问题至关重要时，某种程度上的本地自治是非常必要的，从而确保边缘网络能幸存下来。

发布智能体之威力

通过案例来说明一个 100 节点的传感器网络如何节省 IP 流量及提高响应能力。简单起见，考虑 10 个节点的珍珠链，每个转发节点可支持 10 个传感器，一直追溯到根节点。例如，这些传感器可能位于一个地下煤矿隧道内，转发节点构成了 IP 和"啁啾"业务的生命线。

利用分布式汇聚单元的简易规则逻辑，就能够监测整个隧道的瓦斯泄露事件。某一区域的瓦斯泄露也会对相邻区域造成影响，注意，某个瓦斯"发布者"可能出乎意料地突然出现。

显然，将这种"异常处理"数据上行发送至大数据服务器是非常有价值的。那是否还需要传输正常的、可接受的传感读数呢？如果不进行本地预处理，就无法定义什么是异常，因为缺少正常读数的基准线。因此，发布智能体还需要保存一些简短的历史数据。

对于低端的、消费者版本的转发节点，具备有限的可用智能体，因而大部分数据被上行传输到"父"转发节点和汇聚单元。然而，对那些任务紧急的企业应用而言，这种多跳路径以及相关的延迟可能难以接受。20 世纪，通过利用可编程逻辑控制器（PLC）以有线方式连接至工厂的众多传感器和执行器，管理大量实时的、延迟敏感的 M2M 业务，而且只要遵循 PLC 梯形图所制定的规则就可以逐步升级。如今，同样的方法可应用于驻留在转发节点（靠近传感器和执行器）内部的智能体，从而大大减少了企业级的 M2M 通信延迟。

管理多种同步关系

如第 5 章所述，无论设备是基于 IP 通信还是基于"啁啾"通信，独立的控制环（发布智能体在上层和底层控制环之间构成中间解析机制）本身就比往返控制环效率更高。诸如智能手机之类的某些设备能较好地支持"啁啾"协议（如红外和 WiFi），也能同时融入到这两层控制环中，并在各自的控制环之间架起沟通的桥梁。

除了考虑往返延迟，建立这种分层的控制及通信模型还存在更重要的原因。终端设备的语言和词汇与大数据服务器层次有着根本的分歧。传感器只是发布其片面的"世界观"，而大数据则提供了更为全面的"世界观"，包括多传感器数据流的融合、过去的历史数据、未来的发展趋势等。由于功能决定了通信的语言和词汇，某种形式的解析还是需要的，如果没有解析，我们也不可能期望与特殊用途的机器进行直接的交流。

在基于 IP 的瘦客户端模型中，要将数据解析成大数据客户能接受的格式，必须在传感器数据进入 IP 网络之前完成。毋庸置疑，责任落在终端设备的肩上，而它们的 M2M 通信协议是易于理解的。但是，那些简洁、专用的"方言"不得不翻译为一种设备抽象化的语言。而位于本地控制环内的智能体能够减轻终端设备的负担，如图 6—2 所示。

物联网的有机解决方案

　　我们不可能总是未卜先知，提前获悉特定汇聚单元感兴趣的类型，这就好比风也不可能总是为花粉提供聚集的风力，将它们送到预期的"订阅者"那里。那么，自然还需要一些新的发现，至少需要从"父"转发节点那里得到消息，如某种新的传感器"啁啾"在其管辖范围内（网络子树）已经激活。因此，需要定期提供传感器活动状态的通知信息。然后，感兴趣的汇聚单元"订阅者"就可以指挥其发布智能体（转发节点内）提供粒度级别 / 聚合 / 裁剪 / 异常处理等数据融合与优化处理。

　　随着时间的推移，一种基于智能体的 M2M 社交网络诞生了，并与物联网所提供的丰富数据有机融合在一起。

RETHINKING THE INTERNET OF THINGS

A Scalable Approach to Connecting Everything

新兴物联网的广泛应用

迄今为止，有关物联网应用的众多信息已公诸世人，然而所有这些案例几乎都是当前组网架构模型的一个延续。具体而言，就是将 IPv6 扩展到边缘网络，而且终端设备必须具备强大的处理器、内存等资源，从而满足 IP 协议栈的运行需求。正如前几章所述，这种架构并不适合物联网终端设备的"发展浪潮"。各种终端设备不断涌入物联网，而且价格低廉，数量庞大，种类繁多，不易管理，因此，传统组网模型难以胜任。

关于未来物联网的另一个错误假设认为，数据模型将继续保持当前相同的状态，即在 IP 终端设备与大数据服务器之间建立明确定义的一一对应关系，其中大数据服务器位于网络的核心位置，可通过"云"服务进行访问。然而，这种传统的方式难以完全利用物联网的潜在资源和能力，主要原因在于：

- 大数据服务器的数据处理与存储；
- 不切实际的端到端控制回路；
- 不能有效利用终端设备的社区 / 亲缘关系所构成的"发布 / 订阅"模型。

本章首先探讨这些问题对新的物联网应用所造成的潜在影响，然后提供一些新兴物联网应用的具体案例。

控制不和谐

当前的 M2M 数据交互依然相当繁琐，所有原始的设备专用数据首先必须经过净化，然后格式化使其符合大数据的表示规则，而这些规则建立在诸如 REST 或 SOAP 之类的应用程序接口（API）之上。接下来，当前终端设备的 IP 堆栈收发器必须发送数据，且不能与其他 IP 设备的业务有所冲突，因此通常会采用带冲突避免 / 检测的载波监听多路访问（CSMA/CA 或 CSMA/CD）。对于一个简单的温度传感器而言，因其自身有限且简洁的专用词汇表达，上述过程将会导致更大的工作负荷。

大数据用户通常对设备及协议抽象的小数据信息流的融合更感兴趣。原始传感数据需要转化为易于使用的"小"数据流，按照当前物联网的假想，将此任务分配给每一个终端设备，显然是不现实的。对众多设备驱动接口及其专用接口和协议的管理，可能会导致物联网迅速失控。

如图 7—1 所示，随着边缘设备数量的激增，无数发布 / 订阅业务所造成的网络效应，将完全击垮遵循摩尔定律（线性）的处理器及存储器的发展速度。M2M 社区及其交互更类似于社交网络，换言之，其符合梅特卡夫定律或 $O(n^2)$ 平方阶规律。因此，基于云服务的物联网分析与控制所需的数据处理、存储及组网能力，完全跟不上边缘网络所产生的潮水般的小数据流。即使如今简化的、易于管理的瘦客户端 IP 应用，也几乎难于跟上其发展的节奏。

无论是基于"啁啾"的网络还是传统的 IP 终端设备，都存在一个事实：数据量实在过于庞大。鉴于此，新的物联网架构必须要设法转移终端设备和大数据服务器的数据汇聚及传输的任务开销。利用部署在网络边缘的转发节点，即可有效地隔离所需网络开销（参见第 4 章）。

边缘智能化

　　这种新的物联网架构在转发节点或分布式汇聚单元中部署了发布智能体，从而进一步提高边缘网络的智能化程度。通过这些功能，物联网应用可以依靠分布式智能体来管理"啁啾"数据流到小数据流的转化，其中，"啁啾"数据流主要来自诸如传感器和执行器之类的终端设备，而小数据流则更易于大数据汇聚单元的使用。此过程促使那些终端设备（简易、低成本或间歇可用）的各种应用得以快速传播，然而传统的 IP 组网机制却很难做到这一点。

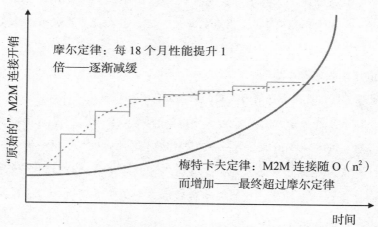

图 7—1　快速增长的机器社交网络需要更独特的网络架构

融入传统设备

　　这种架构的另一个好处在于，那些需要更复杂终端设备的应用也可以使用同样的架构，此类设备所需的板载 IP 开销与复杂度是合理的（如视频监控）。同时，也释放了大数据服务器上的负载压力，从而使社区及亲缘关系的"发布/订阅"网络更具可扩展性（参见下面的专栏）。既然允许网络边缘的设备在功能上更为简洁，那我们的核心目标就是要鼓励和管理更为公平的分工形式，而且随着时间的推移也能逐步完善。一旦配套的网络基础设施到位，它们既能代表终端设备管理"啁啾"数据流，又能创建适合大数据汇聚单元的小数据流，因此，那些更简易的设备就能在边缘网络快速扩展。详见专栏"为树桩安装牌照"。

为树桩安装牌照

如今很多物联网评论家非常赞赏利用 IPv6 地址扩展作为物联网的解决方案。当然，从数学角度分析是完全正确的，毕竟 IPv6 创造了超过 340 涧（3.4×10^{38}）个潜在的地址，有人甚至说其足够为地球表面的每一个原子分配一个地址(从逻辑上考虑,实际的极限值可能更少)。与 IPv4 所能提供的大约 40 亿独立地址相比，IPv6 的确完成了一个巨大的跨越，当然足以为任何可能想到的物联网终端设备提供地址。

然而，这种分析混淆了地址与功能的概念。如图 7—2 所示，我们当然可以在一个树桩上钉一个汽车牌照，这样树桩就被唯一标识，并且变得可寻址。然而，无论怎样也不可能魔法般地让该树桩像汽车一样在公路上行驶。显然，树桩缺少了动力（发动机）、运输设施（车轮）以及智能体（司机），使得其无法在公路上正常运行。

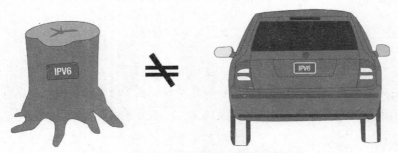

图 7—2　可寻址并不代表就能创造性能

　　同样，终端传感器或执行器设备的寻址能力也只是物联网事物中很小的一部分。如果终端设备缺少动力（内存和处理器）、运输设施（IP 协议栈）以及智能体（集中管理与监督），其数据也无法在"信息高速公路"上进行传输。

　　因此，仅仅依靠 IPv6 地址空间并不能解决物联网的基本应用问题，即如何连接那些海量的终端设备，而且它们太过简易难以支持完整的组网协议。新的物联网架构创建了简约的"啁啾"结构，从而能更好地考虑各种应用的需求，且不需要为终端设备增加不切实际的配置。

环内控制

　　将传统的 IP 架构扩展至物联网，其中一个关键挑战在于，最初为主机到主机通信（P2P 对等网络）所开发的协议存在固有的限制，难以满足完全不同且非对称的物联网世界。另外，经过长距离、不确定性的全球互联网所形成的控制回路，确实也很难管理，这是传统架构应用于物联网产生的重要影响之一。与主机到主机通信不同的是，物联网终端设备本身通常具备很少甚至完全不具备智能性，因此终端设备的管理任务落到汇聚单元身上，并可以通过某种长距离链路的往返控制环来接入这些汇聚单元。

　　如前所述，考虑到全球互联网所固有的延时与抖动（延时的变化），对于海量简易终端设备的控制而言，现有的 IP 网络显得繁琐笨重，最终只能成为一种不切实际的解决方案。然而，新兴物联网架构允许对控制环进行"解耦"，进而使其进入"同步"状态。转发节点与终端设备之间可能存在一个有效的低级本地控制环，临时的更新和异常可以上行传输给"订阅"汇聚单元，如图7—3所示。反之，也会通过接收来自汇聚单元的"协调"与配置消息，来控制本地终端设备的执行任务。

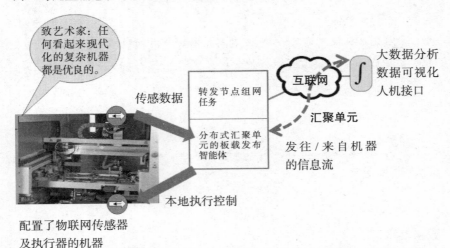

图 7—3　转发节点通过板载汇聚单元或发布智能体实现环内控制

自主控制

　　这种多层控制使得物联网应用在大多数时间内可以完全自主地、实时地发挥效能，包括与远程汇聚单元失去通信的阶段。新兴物联网架构具备一个关键特性，即本地发布智能体或汇聚单元可以更快速地响应自主及半自主任务。

　　这种新兴物联网架构的分布式智能体未来前景广阔。更多的自治就意味着更少的管理控制，以及更少的往返控制资源开销。那些预测性组件（汇聚单元）会变得更积极主动且经验丰富，而那些反应式组件则需要为主动行为让路。整个系统的发展将会变得可预测且更加精简、灵活。

世界在"订阅"

IPv6 的主机到主机特性存在着另一限制，即其组网本质上是已知设备之间的点到点连接（需要路由器来创建和管理它们之间的关系）。这可能会造成数据"孤岛"，其中存在很多独立的终端设备群在发挥着不同的功能。因此，与这种新兴物联网相比，它们未必能向某个汇聚单元提供相关信息，尽管数据融合可能会提供更多的有用信息。

如第 5 章所述，这种新兴物联网架构不受预设的设备到设备（D2D）关系的限制。相反，汇聚单元可以通过各种小数据流来创建信息社区，而这些小数据流是由转发节点传输的多个"啁啾"数据流组合而成的。现在，低级的"啁啾"传感器成为互联世界中的一个参与者，它们无须改变自身简易的功能，只需专注于发布某一特定类型实时的、原始的、简单格式的数据即可。

探索亲缘关系

许多新兴物联网的应用已成为可能，如图 7—7 所示，汇聚单元通过检查众多发布源之间的亲缘关系，从而发现潜在的有用信息。类似的案例如温度、压力和振动；或者相互之间存在着不同关系的小数据流；又或者与某个互联网数据源之间的关系，如天气预报等。对于传统的 IP 点对点环境来说可能会更加困难，因为不同的设备类型往往彼此隔离。

很多物联网应用所产生的数据可能被其所有者标注为公共小数据流，这就为汇聚单元创建广泛的"订阅"服务提供了潜在的洞察力和效率。将物联网应用与传统 IPv6 网络应用进行隔离的主要原因在于，终端设备与汇聚单元之间的关系从一开始可能就是未知的。随着时间推移，这种关系逐渐通过汇聚单元进行创建和提炼，用于数据交互的大型社交网络随之诞生。数据流将会跨越整个层面，包括"啁啾"感知数据、订阅模式变化以及特定时间数据优选路径等。终端设备、转发节点以及发布智能体将属于多个"信息社交网络"，这些网络根据订阅数据社区而划分。

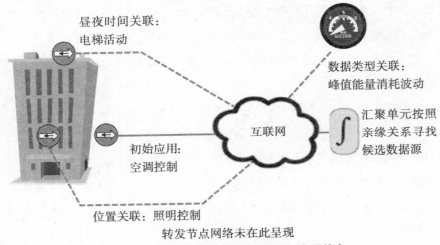

图 7—4　汇聚单元通过亲缘关系挖掘有用信息

社交机器

　　信息社交网络可以自由发展到相当大的规模，只因为机器并不会受到"邓巴数"的约束（邓巴数理论将人类维持稳定社交的最高人数限制在200 人以内）。摆脱了传统的 P2P 端到端预定义交互模式，通过部署在海量终端设备附近的分布式组网智能体与控制环解耦，汇聚单元能够更好地消化规模空前的净化数据或定向数据，如图 7—5 所示。

　　从 M2M 的物联网视角来看，随着时间推移，信息是从多个不同数据源推理而得的。越来越多的"啁啾"终端设备与转发节点的规模不断蔓延，也进一步扩展了潜在的可用数据信息流。随着物联网的发展，更多的转发节点逐步引入，通过一系列裁剪、聚合、异常处理等过程，整个应用数据交互的流量也随之线性增加。然而，信息的梅特卡夫网络效应将会以 $O(n^2)$ 的速度更快发展。

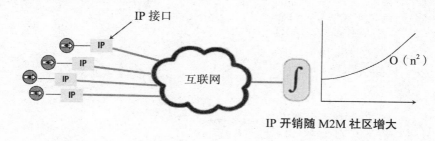

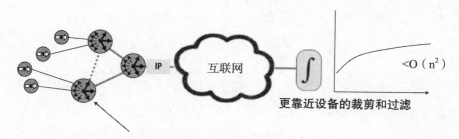

图 7—5　分布式组网能力使物联网架构更高效

农业应用

农业企业的管理需要付诸艰难、多元的努力，其中涉及各种人为因素和自然因素。如图 7—6 所示，通过低级的本地控制环，分布式汇聚单元能自主"管理"控制灌溉系统阀门的执行器（根据本地湿度传感器的反馈打开或关闭阀门）。该同步回路监控指定区域的注水量，从而避免灌溉过量或不足。然而，没有必要通过远程高级汇聚单元对其进行往返控制，也不必让远程汇聚单元负担本地湿度传感器的连续数据流。

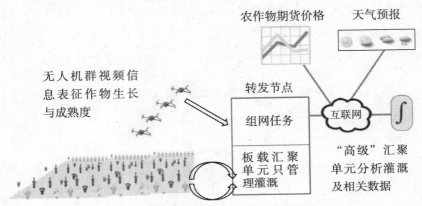

图7—6　分层控制使农场物联网管理更优化

在非理想的真实世界中，低级的控制环难以辨识农作物吸收水分的模式及规律。利用装配了专用传感器（如红外）的空中无人机，可以对玉米地进行扫描，收集更广阔的信息数据，从而判断哪里需要更多的水分。无人机通过自身的无线接口，向智能手机或运行汇聚单元的通用处理器发送信息，其中汇聚单元运行在相对"湿度传感器–灌溉阀"控制环"更高级"的环路上。汇聚单元将无人机获取的信息与当前的喷水器分布图进行关联，并对其进行调整以确保更均匀的注水分布。同时，还可以向农民们提供建议，如何改变地形利用坡度进行更有效的灌溉。几周后，无人机再次进行勘测。随着时间的推移，低级控制环与高级控制环相结合，就可以对感兴趣区域进行更全面的观测。

这种复杂的"远程"传感器（无人机）成本，可能会比植入很多简易湿度传感器的成本更低。控制回路还可以通过无人机进行关闭，而无人机及配套传感器也更加模块化、可重用而且可升级。无人机将成为某个农业社区的共享资源，规模化经济也开始奏效。假如每周定期对控制环进行监控，同一无人机可在邻近农场关闭多个控制回路。而利用无人机群则能以一种低成本、可扩展的方式对更大的区域进行覆盖。

汇聚单元也可以发现和订阅其他的各种数据流和数据源，从而创建更丰富的信息组合。例如，可以考虑引入天气预报、农产品现货价格、当前运输成本、合同工的可用性及成本等众多因素。当然，这些数据流大部分并非依靠农民自己的努力而产生，而是通过其他人在数据流上标记公共标签而实现共享的。如果分析这些因素随时间的变化趋势，就能够获得一个最佳的庄稼收割时间，从而使利润最大化。通过资源共享以及各种数据源的融合（在首次应用时有些数据源难以预测），该农民社区可以与其他地区进行更有效的竞争。

让我了解你，我也会告诉你我的一切

上述农业案例表明，某个群体为了一个类似的目标需要共享相似的信息，该群体就是指某一特定区域的所有农民。然而，由于这种新兴物联网架构本质上是建立在"发布 / 订阅"模型的基础之上，数据流的创建者和消费者并非总是存在很多共同点。例如，某饭店老板可能希望了解附近商场的客流量，以便更好地在视频信息亭内投放广告，或者在社交媒体上发布即时优惠券。又如，某货运公司可能希望了解事故造成的特殊交通模式，以便重新规划其车队的路线，该公司通常可以利用路面传感器或路口视频传感器来检测这些交通信息。

对于那些已经创建的数据流共享而言，还存在着众多难以想象的机会。一个非金融的"交易"市场可能会诞生，甚至是一种基于"市场定价"或"拍卖模式"的市场。由于"啁啾"是基于分类的、易于发布的协议，"啁啾"数据流与小数据流之间可以相互影响。这些潜在交互的一个关键促成因素在于，整个物联网架构面向一种"发布／订阅"模型，甚至在最底层，也并非预定义的 P2P 对等关系。最简易传感器所产生的"啁啾"可以分配给无限个汇聚单元，而且根本不需要任何改变或重新配置。

家庭健康护理

通过定义相关网络组件的信息社区，并在可能相关的信息中寻找亲缘关系，上述农业案例阐释了物联网传感器和执行器之间的协作应用。然而，其他的物联网应用对传感器的部署和操作可能限制更多。在本地 M2M 社区内将需要更为安全、隐私、特殊用途的通信模式。

如图 7—7 所示，由"生命体征"传感器组成的一个小型私有物联网社区，向本地汇聚单元注入数据，然后汇聚单元在网络边缘（患者）对其进行分析和模式匹配。药物剂量的主动监管以及额外的家庭护理，将通过传感器传递至患者家里，或通过监护人的手机进行输入。

由于独立传感器无需承载支持 IPv6 所需的处理器、能耗及存储等开销，因此可以设计得更小巧、更轻便、更廉价且不易被攻击，而且还会考虑可穿戴和易吸收等因素。利用这种新兴物联网架构的本地分析能力，可以综合考虑多种传感器的读数记录，结合房间温度和当日时间的变化情况，即可得到更为精细的综合分析，而不仅仅是在某个边界条件触发时进行报警。

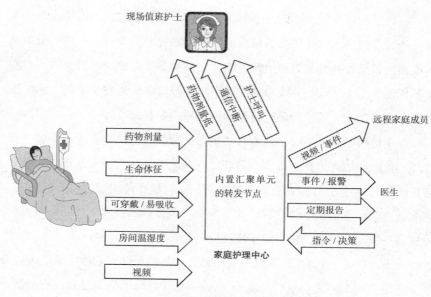

图 7—7　家庭健康物联网应用架构

　　这种私有信息社区具备自适应和自学习能力，可以自主地提供第一层次的报告及响应。如果患者的心率或呼吸出现不稳定状态，患者及监护人将会立即获得报警信息，同时还会通过本地汇聚单元触发相关的反馈装置。这种异常状况也会传输到远程医护人员那里，从而使他们立即感知到该情况。因此，这种"刺激－响应"的模式更为主动，有望避免或减少事件的严重程度。而远程汇聚单元的往返通信则仅限于系统升级问题。

高效过程控制

　　类似于炼油厂的自然资源及产品加工企业，也提出了苛刻的控制应用需求。为了确保最终产品的高产率，最关键的问题是要维护液体流量、温度及压力等指标。将这些参数值限制在一定的容差范围内，有助于避免渗漏或溢出，从而减轻其对环境的影响，也减少事故造成的政府罚款，当然更不用说保障工人和公共安全的问题了。环境监测传感器（空气、水、振动等）也有助于工厂在所需运行指标内保持良好状态。

此类应用需要从更多的地方收集更多的数据，再结合自主或半自主反馈环，就能够更好地控制诸如阀门和排气阀之类的执行器。基于"啁啾"的传感器通常更小巧、更便宜和更耐用，而且比传统 IP 设备功耗更小，因此可以大量部署这些传感器，并不需要太多管理和技术支持。利用大量传感器获取冗余信息，将有益于推理分析。

对于其他的一些应用，低级控制环需要对某些局部因素作出瞬时响应，例如控制驱动阀来减少原料的流动，从而对那些超标的化学反应进行抑制。只有当"超出某个限度"，才会发出异常信息，以获取进一步的监控与分析。这样就比通过往返数据交互进行微调更加高效。

某些核心管道与接头下面布置了"地毯"式湿度传感器，能够尽早检测到渗漏问题，否则可能要很长时间才能注意到。无线或红外的脚步传感器可以帮助跟踪工作人员，从而确保安全实践与操作，在紧急情况下能够快速响应并实施救援。

部署大量各类传感器的另一个优势在于，能够对来自众多设备的数据流进行更全面的分析。例如，某个感兴趣社区可能包括液体探测器、温度监测器以及振动传感器。一些综合读数的变化情况能够精确定位某个潜在的维护问题，如发生轻微渗漏的磨损轴承，温度要比正常较高一些，而且会造成设备的轻微振动。因此，即便是没有任何单独的传感器显示出超差读数，工厂依然能够尽早地获悉这种状况，从而更好地进行运行调度，避免不必要的停工时间。

周边安全与监控

设备需要保证最易受攻击的接入点的安全性，一种充分提高安全性的方法依然是增加监测点的数量。如果每个传感器必须承载完整的 IP 网络协议栈开销，那脚步传感器"微粒"的应用也变得不切实际。另外，使用有线方式供电当然也不现实，而综合利用太阳能与电池供电，则足以满足简单"啁啾"的逻辑驱动。

随着"集群"算法越来越复杂，利用较简易的空中或地面无人机可对周边易受攻击区域进行有效侦察。结合具体情形下传播的预警或报警信息，可对无人机路线（沿着特定路线，对检测到的潜在威胁作出响应等）进行本地自主协调。

同样，以协调方式运作的视频摄像机"群"也能够在必要的时候对感兴趣目标进行跟踪。摄像机群通常会集体聚焦在如何寻找特定模式的目标。虽然摄像机有可能是静态的，但通过共享网络可以切换到其他摄像机，因此还是能够有效提供广泛的监控覆盖。在没有部署摄像机的地方，可利用带有摄像头的移动装置来提供必要的视频连接信息。通过移动和静态摄像机构成一个共同的智能体社区，从而实现了视频监控的无缝操作。

如第 5 章所述，既然汇聚单元支持 IP 协议，那它们也可能会从更复杂的摄像头或传感器中引入本地 IP 数据流，并且将其与转发节点所聚合的小数据流进行融合。因此，某个独立的分析控制点就可同时管理传统设备和新兴设备，如检测生化危害、辐射以及其他威胁的传感器。

高效工厂车间

随着工厂自动化程度的日益加快，利用物联网分布式智能体构建自主或半自主的低级控制 / 反馈环，能够保证更高效的生产以及更好地利用人力资源。如果汇聚单元可以处理运行设备的低级调节与控制，人眼及大脑就可以解放出来用于长期的分析与优化，其依据是更高层控制环所搜集的异常和历史数据。

将机器自动诊断、零部件供应及质量、温度及排放感知等与生产流水线及传送装置的视频分析相结合，能够达到生产效率最大化。包括很多其他应用在内，新兴物联网的一个关键好处在于，"啁啾"终端设备的小体积和小成本能支持更加广泛的应用。

例如，工厂自动化所使用的工业机器人通过力觉和视觉传感器，可以实现自适应运动控制。当遇到障碍时，工业机器人能够及时停止，从而避免损坏自身或障碍物。那些曾经需要固定结构（确保哑设备机器人能安全运行）的工厂环境，如今也能结合传感器导向控制，进行更为灵活的设计。

以前，类似自动导引车（AGV）的移动机器人需要在预设路径上巡线（嵌入或画在地板上的线）移动；如今，更多 AGV 则使用通道上的位置标签和来自其他 AGV 的实时数据，通过协作方式在没有划线的工厂地板上确定防碰撞轨迹。在一些落后的工厂车间环境里使用传感器驱动的实时路径规划，已经成为现实，然而这在十年前是难以想象的。随着更多的物联网传感器终端成为智能建筑的一部分，工业机器人将继续扮演着重要角色，更好地自适应环境的变化。这将大大减少工厂自动化基础设施的预期规划成本。

家居自动化

　　如图 7—8 所示，一种新型的家居或企业无线接入点（AP）可以使用内置"啁啾"收发机的终端设备进行开发。这些 AP 既能支持传统的 WiFi（IP）通信，又能支持新的"啁啾"通信，通常还包括物联网转发节点以及发布智能体或汇聚单元。即使这些设备使用相同的收发机频段（如 2.4GHz 免授权频段），它们仍然是两种具有不同逻辑的双重设备。因此，作为网状网络的一部分，房屋里的每个"啁啾"感知 AP 都能为所有的发布者和订阅者提供接入服务，它们通常属于传统的家居社区或新兴物联网社区。每个节点及其智能体都可以通过一个监督控制系统进行管理，例如对智能体进行转移、删除或更新等操作。

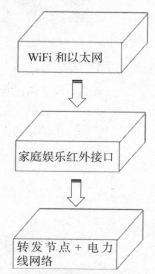

图 7—8　模块化的家居自动化中心架构

　　如前所述，在实际的产品封装中，转发节点可能是堆栈式的架构，支持多种接口以及不同的树状网络（如 WiFi 和"啁啾"红外等）。专用设备智能体驻留在转发节点网络中，专门针对某一特定的收发机接口和传感器类型。这就需要一种紧耦合的低级接口，提供针对终端设备及其功能的特定语言及协议。因此，一个温度传感器仅仅需要"知道"如何通过红外链接发送其温度值即可。如果传输没有收到，它的智能体就"知道"一定是哪里出了问题，但并不是设备本身的问题。而且，为了简化问题，只有发布智能体需要知道如何解析"啁啾"数据流的含义，然后裁剪、聚合并朝着合适的汇聚单元转发这些小数据流。

本地家居自动化的监测与控制，通常采用板载汇聚单元的模式来实施，如图7—9所示。需要通过一个前面板或（更可能）智能手机/平板电脑/个人电脑的应用程序进行管理，同时提供一种可扩展的方式与家里的所有设备（无论是"啁啾"设备或传统IP设备）进行交互。这样就会很容易地扩展包括报警和家居娱乐之类的功能。当然，也可以利用"转换"模块帮助那些非WiFi和非"啁啾"设备（如电视遥控器）成为数据源或控制点。这些模块也可能成为家庭交流插头的替代品。一个简单的"啁啾"接口能够提供有关能耗使用的信息，从而支持设备的远程上电或电源关闭。

图 7—9 家居自动化同时兼容传统 IP 和"啁啾"设备

很多年来，类似的传统转换器都显得至关重要，然而支持物联网的设备终将取代当前的技术。考虑到一些大型家电的寿命通常是 15 年左右（而电子技术只有 2 ~ 3 年的生命周期），因此，过渡技术是非常有必要的。

如前所述，通过单点智能体有效地协调各种家电、传感器及其他设备，从而形成真正的家居自动化。神奇的物联网烤箱不必承载过多的处理器、存储器和 IP 协议栈，只需一个简单的"啁啾"接口即可。正如第 2 章所述，实际的物理接口可能会是各式各样的，如红外、蓝牙、电力线及其他接口都将汇聚到转发节点处。我们甚至难以想象，通过这些接口就可以将简单的"啁啾"设备集群连接在一起。汇聚单元可以分析各种事件和数据，例如，检测房屋里的运动情况，调节供热制冷区，或者关闭空置房间内的灯。

通过家居转发节点 IP 接口和高速宽带网络，物联网终端设备也能够与外部汇聚单元进行简洁而有效的通信。例如，垃圾桶可以通过"啁啾"显示是否已满，而家居网络则向垃圾回收公司转发此消息，随后将精确地安排运输车及到达时间。又如，厨房电器可以传输其运行状态至某签约家电售后服务中心，然后该中心将会安排对多个设备进行保养及维护。当然，中心还能提供该区域的售后服务详单，家居用户则可以根据自己的情况，指定合适的服务时间。之后，综合的信息生成一个"报价请求"，并发送到多个售后服务"订阅者"那里，其中某一个"订阅者"将会接受该请求。最终，售后人员与家居用户确认访问时间。当然，用户也可以选择邮寄配件，自己进行维修。另外，其他电器经销商也会给出他们的报价。

物联网家居还可以与燃气和电力公司的智能仪表进行协调，在当天最贵的计费时段尽量最小化使用率，如节流或关闭某些家电，以有效地安排使用时间，同时还会考虑当前及未来的天气状况，从而保证经济成本及效用需求最大化。如果考虑将类似决策与公共发电能力相匹配，这种协作过程将能提供额外的价格优势。

批发与零售：超越 RFID

目前，无论是线上业务还是实体销售，已经有很多物联网应用在不断推出。迄今为止，这些应用主要基于射频识别（RFID）技术，并结合相应的 IP 读写器及传感器。RFID 芯片一般是被动模式，依靠附近的读写器才能激活，因此，在很多应用中只需这种简单的"啁啾"设备即可提供更多功能。

在竞争激烈的零售业中，充足的货源及恰当的"前端"（产品摆放在货架边缘）展示将更加吸引顾客。基于"啁啾"的低成本传感器可以沿着货架的边缘进行部署，并通过顶灯进行供电，以识别哪些产品的关注度更高。位于地板或购物车上的传感器，还可根据商店内的具体位置为顾客提供打折服务及其他优惠。

已经通过社交媒体"注册"了指定商店的顾客，在经过商店的某些区域时会获取这些优惠信息。前面的案例中提到，人流或车流监测可用于评估优惠产品的类型、数量及其吸引力等。如果明知停车场已经爆满的情况下，就完全没必要再提供更大的折扣了。其他领域的各种数据流，包括诸如当前及未来天气状况之类的因素，也可用于汇聚单元进行自主或半自主的决策执行，如图 7—10 所示。

在后端批发环境中，廉价或一次性（甚至可降解）的振动和温度传感器可用于监测运输中的装运条件，从而更好地跟踪库存货物。基于先进先出或失效期的库存轮询机制，能够从集装箱获取更多辅助分析数据。另外，再举一个广为流传的物联网案例：冰箱注意到主人没有牛奶了，而且它发现主人位于商店附近，它就会给主人发一条信息，提醒他在回家的时候顺便买半加仑牛奶。

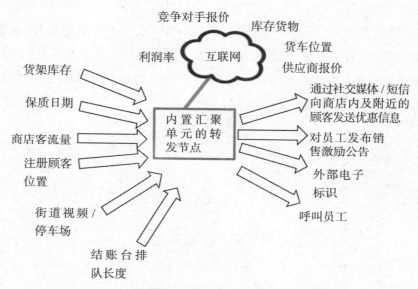

图 7—10　零售商通过各种数据源进行销售综合分析

自然科学构建更广阔的"网"

正如前面提到的安全性案例一样，大规模的传感器部署对提高自然科学观测性能十分有益。应变及裂缝传感器可用于大范围的地质条件监测，或许能够对地震及火山爆发等自然灾害进行预测。利用那些廉价、轻型及更易管理的终端设备就可以有效监测雪线、二氧化碳排放（如来自野火）、空气及水污染以及其他很多指标参数。而小型、廉价、太阳能供电的"啁啾"设备也允许科学家去建立更为广泛的数据网，如图 7—11 所示。

提及"网"，实际上野生与养殖动物种群（如鱼、牛、鸟类等）也可以利用植入式/易吸收的"啁啾"设备进行监控。正如很多相关的应用一样，基本"啁啾"结构具有混杂传输模式，可利用"树状"传播媒介，转发节点则允许数据在一个非常广域的网络中进行传播。而且，对于某些应用来说，即便没有构建专门的转发节点网络，也可远程进行数据收集。一个稀疏的支持 IP 的转发节点（更耗能）网状网络将能提供组网路径，但终端设备仍将保持轻量级、简洁的通信协议标准。

图 7—11　新能源及多智能体协作的物联网应用

应用之生命力

　　新兴物联网的应用有着较强的"生命力"，在某种意义上会具备自适应性、自修复性、自组织性，且协作能力更强。物联网架构在开发和部署新的应用时，将达到一种前所未有的创新高度：

- 最小化终端设备组网需求；

- 提供本地自主决策能力；

- 分布式智能体为终端设备和汇聚单元减负；

- 灵活的"发布 / 订阅"模型创建信息社区。

RETHINKING THE INTERNET OF THINGS

A Scalable Approach to Connecting Everything

路在何方

　　本书已经详细阐述了一种新兴的物联网架构，然而新的架构要想取代传统架构，必须存在某个颠覆性的利益要害，才能实现这种变革。对于物联网而言，关键价值体现在一种独特的新关系上，其主要发生在海量终端设备与大数据服务器之间，而服务器则用于分析和控制来自 / 发往终端设备的数据流。

数据驱动变革

　　从根本上而言，即将到来的海量物联网设备只会产生"太多的数据"，仍然使用传统方式进行分析。通常并不需要传统的一对一预定义 IP 网络拓扑，而是利用"发布 / 订阅"模型让大数据服务器能够在海量数据中体现出可选择性和自适应性，而且随着时间推移，这种数据分析将变得愈发智能。

　　更重要的是，大数据分析服务器直到发现这些数据才清楚哪些是真正有用的数据流。通过数据流的亲缘关系创建信息社区，从而允许服务器从各种不同的终端设备数据流中进行更好的选择与组合，因为并非所有这些数据都是某个特定应用所需要的部分。随着更多的终端设备接入，物联网应用逐渐变得越来越智能（参见图 7—5）。无论这些终端设备的初衷是什么，它们可能都会出乎意料地让其他应用受益，因为这些应用能够发现各种输出数据并找到有用的信息（假如"啁啾"数据流被设置为公共数据）。

在最初部署时，特定的装置、传感器和执行器可能服务于某些特定的应用。然而，随着时间推移，新的终端设备也可能通过相同的或其他组织进行部署。这些新设备的数据流也可能通过时间、地点或相关性等"亲缘关系"被识别出来，然后加入到最初的应用信息"社区"中。

分类是挑战，"啁啾"是答案

因此，如果物联网发挥其潜能的唯一途径是通过数据流的自组织发布与订阅，那终端设备正在发送和接收的数据又能说明什么呢？简言之，这些数据必须是外部可分类的，以便未来那些已知或未知的"订阅者"能对其进行定位、识别和决策。这种机制与传统 IP 组网完全不同，IP 网络中的外部数据包组件本质上是通用的，因此任何分类（湿度传感器、路灯及烤箱等）必须在其自身的数据负载中指定。然而，"啁啾"的帧结构实际上是一种"隐性知识"，而且"啁啾"不只是信息的"容器"。

"啁啾"帧的特有结构具备自描述分类属性（参见第 6 章），从而使不同应用、供应商、位置及时间背景下的"发布 / 订阅"关系成为可能。这些自描述分类识别特性允许数据"订阅者"区分各种各样的传感器、执行器及其他设备。分类机制是决定终端设备所产生的数据是否存在价值的先决条件，也是在物联网领域建立"发布 / 订阅"网络的必要条件。

自分类数据流是新兴物联网架构的根本驱动力。如图 8—1 所示，即使所有设备的 IP 组网能力是免费的（事实并非如此），仍然还需要一套由 IP 帧负载所携带的通用自分类信息，从而支持广泛的"发布 / 订阅"功能（参见专栏"IP 帧为何携带啁啾"）。实现创建和传输这些自分类数据流所必需的网络架构，正是本章的主题。

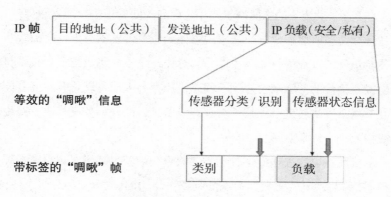

图 8—1　"啁啾"帧与传统 IP 帧的自分类机制对比

以成败论英雄

本书阐述了一种新兴物联网架构，主要用于解决网络边缘海量简易终端设备的连接问题。利用一种新的、简洁的、自分类"啁啾"协议作为终端设备的通信媒介，确实能够解决实际问题，然而目前还没有商用的"啁啾"终端设备或支持"啁啾"的转发节点。这种轻量级的专用协议及设备需求具有革命性意义，但现在还为时尚早。

物联网绝不可能一夜之间就能取代现有的 IP 网络协议，然而幸运的是，也并不需要这么做。正如大多数网络演变一样（双绞线以太网、无线WiFi 等），最终驱动变革的主要还是数量和技术方面的因素。同时支持"啁啾"和 IP 协议的终端设备能够共存是非常有必要的，这样有利于网络的逐步演变。对于初期作为物联网核心的大数据服务器也是如此，没有什么能够一蹴而就。然而，转发节点架构却能提供一种理想的方式，可以满足渐进过渡的需求，接下来将进一步详细阐述。

在基于"啁啾"的物联网推广中，许多不同的组织扮演着重要的角色。各种各样类型的终端设备（从家用电器到汽车传感器等）供应商，将与诸如英特尔公司这样的行业领头羊一起合作，基于硅集成与平台技术打造不同配置及价位的"啁啾芯片"。网络供应商与家居自动化开发商共同构建转发节点，并将转发节点技术与现有设备进行融合，如交换机、路由器、无线接入点、机顶盒等。

运营商将设法去适应这种基于"啁啾"的新兴架构，也可能会提供云服务器，并与现有的大数据系统供应商联合，共同去解读和分析由各种"啁啾"所汇聚的小数据流。全球大型的原始设备制造商（OEM）将有望成为第一批重要的"啁啾"协议客户及推广者，因为他们可以与标准机构及工作组共同努力，将这种端到端技术融入到他们的系统中，这些组织在物联网的长期演进中发挥着最重要的作用。

从边缘入手

从根本上来说，"啁啾"协议及其支撑组网架构应该从终端设备入手，由于成本及复杂度问题，这些传感器或执行器不能使用 IPv6 连接到物联网，而且 IP 网络中的分类机制也将显得尤为臃肿。正如第 6 章所述，这些"啁啾"终端设备按类型及功能进行分类，通过可扩展的标签系统来进行定义，它们位于"啁啾"帧内，而且在经过网络传输时容易被发现。

最初，由 OEM 提供"啁啾"终端设备和汇聚单元/大数据服务，因此"啁啾"分类级别属于该 OEM 所专有或由供应商所指定，但这种分类机制将很快在各组织间形成标准（关于这些分类如何创建与管理，请参阅后续小节"群组工作"）。一旦"啁啾"数据流通过其所属类别进行分类编码，就意味着该数据随时可以发布，这种新兴物联网架构的规模优势也显而易见。

IP 帧为何携带"啁啾"

为了提高本地"啁啾"网络的扩展能力，"啁啾"信息也可以通过"适配器"转发节点在传统 IP 帧的负载字段进行申明。转发节点可以将携带分类属性的简洁"啁啾"数据封装到 IP 数据包中，从而允许大数据"订阅"系统立即吸收这些信息，并可能将其转移到汇聚单元系统中（参见第 5 章）。内含"啁啾"格式数据的传统 IP 帧，还需要经过路由才能到达某个点对点目的地，然后利用软件能够对负载进行解析，并对其中的数据进行处理。这里可能是"啁啾"协议发挥作用的第一个地方。

经"适配器"转发节点输出的 IP 数据流通常基于 WiFi 无线标准（如 802.11 协议）进行传播。对于输入的"啁啾"数据流，收发器及设备驱动则更像是局域网（LAN）交换机上的端口，可提供两层的分层交换协议栈，这种类比是合理的。如果转发节点的"啁啾"设备驱动与传统 802.11 无线 AP 交换的 IP 端口相类似，那么在同一个 AP 中就可以支持多种类型的数据流。另外，还可以通过安装网络装置，来提供"啁啾"—IP 的转换接口，并利用 WiFi 与传统的 IP 网络进行连接。

该技术为"啁啾"数据流融入传统大数据系统提供了一种途径，而且在使用"啁啾"终端设备的早期成为一个重要的过渡思路。然而，这并不能体现真正"啁啾"协议的相关价值，例如，预定义的 IP 对等网络关系构成了广泛的免费数据社区；利用靠近终端设备的分布式发布智能体和转发节点内部的本地汇聚单元，还可以构建紧耦合的控制环。注意，不管使用"啁啾"协议还是 IP 协议，很多限制都可能会存在。更丰富的信息资源以及更好的控制回路，将更有利于本地"啁啾"组网，而且随着网络边缘的终端设备数量呈指数级增长，这两方面将变得更加家具有说服力。

从长远来看，绝大多数转发节点/AP组合体将会支持本地"啁啾"和传统 IP 协议（参见"转发节点构建桥梁"一节）。然而，其他的一些过渡型 AP 也可能会为设备制造商提供独立的 USB 供电"啁啾"接口，专门针对特定的"啁啾"终端设备而设计。

标签是关键

为了提高终端设备的适应性（从而增加收益），同类型电器、传感器或执行器的多个供应商，将会积极地使用相同的格式来表达他们的"啁啾"数据。因此，他们的终端设备才有可能被更广泛的汇聚单元（来自很多供应商）所接受，同时也会增加潜在的应用价值。

既然"啁啾"协议同时包含公共字段和私有字段，而且它们都使用各自的标签，那么特定的制造商信息和供应商数据就可以在相同的公共分类字段内安全地表述。尽管像 6.8.11 这样的标签可用于表示湿度传感器的一般分类，但"啁啾"私有字段内的额外专用数据，还可以定义供应商特有的一些属性。各种制造商提供了支持各种不同应用的汇聚单元，通过"啁啾"附加的标签及其含义，能够将湿度传感器的"啁啾"数据流加入到它们的信息"社区"中，从而获得有用的小数据流。另外，即使当初部署该湿度传感器的组织者对此"订阅"应用一无所知甚至意料之外，以上过程依然可以自主完成。

然而，额外的数据信息包含在"啁啾"的私有字段内，只有汇聚单元可以对其进行访问，当然，网络中其他拥有正确"密钥"的分布式智能体也可访问。理论上，盐分或酸性可以利用同样的传感器进行测量，但是具体参数信息可通过专用的私有数据段进行传输，这些专有字段位于同样的"啁啾"帧内，这些帧给出了湿度传感器的"通用"读数。

处理标签

多智能体需要分别针对"啁啾"帧内的不同字符串进行处理。一般的转发节点只是简单地将"啁啾"帧裁剪和封装成小数据流，然后发布给各种各样的潜在用户。而且，这些用户也可能拥有专用附加数据的密钥，也可能没有。

对于另外一些特殊的转发节点，专用汇聚单元可将其发布智能体偏置到私有负载字段的更深层，然后执行更加定制化的下一级路由和处理。此过程可能包括到特定汇聚单元的优选路由、本地往返应答"欺骗"的处理、专用传输巴士时序或低级控制环的设置，等等。

转发节点构建"桥梁"

早期，"啁啾"设备还属于物联网中的少数业务，其主要由广泛的用户基础所决定，因此仍需顾及大量的 IP 终端设备。既然如此，很多第一代转发节点还将同时提供支持"啁啾"和传统 IP 协议的连接，如以太网和 WiFi。

这些新型混合设备将交替使用"啁啾"和 IP 协议。类似的双重网络组件将以支持两种不同逻辑的设备而出现，无论它们是否使用相同的收发器（如 2.4GHz 免授权频段）。另外，支持 IP 的设备所带来的附加优势在于，它们通常具备运行发布智能体所需的处理能力。

如图 8—2 所示，这些设备的输入存在三种可能的数据类型：第一种可能的类型是一些 IP 数据包是来自传统设备的原始 IP 帧；第二种可能的类型（参见专栏"IP 帧为何携带啁啾"）是封装了"啁啾"帧的 IP 数据包，主要用于那些还不具备完整"啁啾"感知的大数据服务器；第三类是新兴物联网架构的原始"啁啾"数据流。最后一类数据包专门用于可实现"啁啾"感知的汇聚单元。根据最终目的地服务器需求，转发节点将包含"啁啾"帧的小数据流整合进 IP 数据包，或只是简单地通过传统 IP 包进行转发。

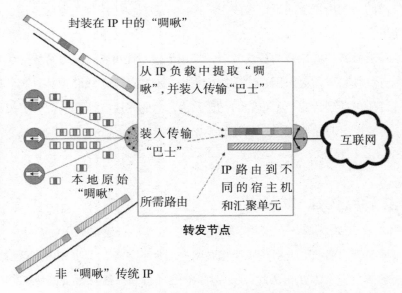

图 8—2　混合的转发节点将不同业务汇聚成小数据流

如前所述，转发节点具有很多不同的封装选择，其中有些配置了板载汇聚单元，能够对其关联的"啁啾"终端设备执行相关的分析与控制任务。

转发节点的关键作用在于为传统网络和新兴网络提供解析与融合功

能，此类转发节点将作为必要的设备，随第一代"啁啾"终端设备一起开发并推广。尽管最初的一些应用可能仍是特定 OEM 供应商所专有的，预计更通用的版本也会迅速出现。

开源组网方案

充分利用开源技术是加快开发和推广此类通用转发节点的关键因素。OpenWrt 是一种建立转发节点功能的潜在平台，它是一种基于 Linux 内核的嵌入式操作系统，主要用于为嵌入式设备提供各种网络路由业务。通过 OpenWrt 可以快速开发支持"啁啾"协议的代码，从而开发新的转发节点，并快速集成到现有的组网设备中。

获取访问权限

目前，WiFi 无线接入点是部署最多的组网解决方案之一，各种配备 802.11 无线功能的设备都可以连接到网络中来（如今几乎总是基于 IP 的网络）。因此，从网络拓扑的角度来看，这些无线 AP 是最具吸引力的转发节点替换对象。实际上，目前还没有任何无线 AP 支持此类安全应用层和现场可升级功能，而它们是移植"啁啾"转发节点软件所必需的。

然而，如图 8—3 所示，一种新的 AP/ 转发节点组合设备（可能基于 OpenWrt）将同时具备传统 AP 和物联网"啁啾"转发节点的功能。一个关键问题在于，这种组合设备的转发节点部分需要同时负责传统 IP 和"啁啾"通信，从而确保不再对传统的 IP 物联网设备或大数据服务器进行任何改变。通过各种各样的接口（如 WiFi、红外、蓝牙、电力线等）可实现多种形式的连接。

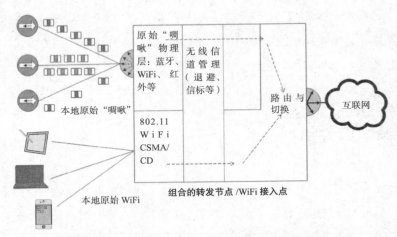

本地原始"啁啾"

本地原始 WiFi

组合的转发节点 /WiFi 接入点

图 8—3 AP/ 转发节点组合设备提供一种有效的解决方案

目前我们甚至很难以想象，简易"啁啾"设备集群可以通过这些接口与转发节点进行"连接"，而分配给转发节点的任务也非常繁重，例如，需要执行小数据流的转换，包括第 6 章所阐述的通过逻辑"巴士"完成路由和数据传输等。其中大部分工作并不需要复杂的标准机构认证，至少初期如此（参加下节"标准成为难题"）。支持"啁啾"协议的转发节点与现有 IP 设备完美结合，并利用现成的全球互联网进行业务传输。即使"啁啾"终端设备与 IP 业务使用相同的无线频段（如免授权频段），转发节点也可管理所有无线接口（"啁啾"和 IP）的时序和信标，同时执行时隙预留机制，从而确保"啁啾"和 IP 设备不在同一时刻利用 802.11 功能进行"发言"。在这种新的生态系统内部，任何时候都支持协作共存方式，因为转发节点 /AP 组合单元同时具备"啁啾"和 IP 感知能力。

我们当然希望使用开源软件模型（参见上述讨论）来开发转发节点的功能，这样至少现有的 AP 制造商可以快速地提供转发节点 /AP 的组合单元。另外，这些制造商也有能力进一步扩展 AP 功能，使其包含应用层和设备抽象层，因此，"啁啾"到 IP 桥的"标准"接口就可以支持新的"啁啾"设备。

标准成为难题

从长远来看，预计各种标准机构及工作组将正规化"啁啾"帧的具体指标，也包括这种新兴物联网架构的其他网络组件。然而，即将来临的物联网爆炸式发展趋势，意味着我们根本没有时间去等待漫长的标准化过程，物联网架构部署迫在眉睫。因此，一种双管齐下的方法是非常必要的，即事实标准、工作组和建议措施允许产品迅速推向市场；同时长期化标准工作将把这些事实准则统一成正式标准。下面从早期的 M2M 技术发展角度来讲述一个案例。

M2M 通信并非新事物。工厂自动化（如机器人、"智能"机器等）中的紧耦合传感器 – 执行器控制环正在蓬勃发展，其中无数传感器通过可编程逻辑控制器（PLC）的有线数模 I/O 口"输入"到 PLC。利用相对简单的逻辑规则就可以控制由几百个传感器和执行器组成的复杂机器。传感器数据控制了逻辑开关的闭合状态，并进一步实现对"电路"接通状态的控制。当某个电路接通后，对应的执行器被激活。举一个简单例子，打开灯的开关就接通了其中的电路，从而电流就能送入灯泡。多个类似电路在 PLC 内部同时运行，就可以实现复杂制造流程的协调控制。

利用自定义编程电路构成了 M2M 通信及紧耦合控制环，也足以证明其通过简易终端设备（传感器和执行器）产生复杂控制的能力。应用软件开发者通常需要创建相关协议和设备驱动，以满足特定的过程控制需求。在过去的二十年里，依靠专用的、特制的、简洁的传感器到执行器之间的通信，制造业的发展蒸蒸日上。

这些传感器和执行器也拥有自己的标准，但通常是其制造商所制定的本土化标准，有时也会在 IEEE 这样更大机构的技术联盟（SIG）中进行讨论。然而，由于设备通信属于本地化，而且完全是在某个小规模区域内进行（如某生产线），所以也就没必要形成一个类似 IP 的通用标准。另外，大多数情况下传感器 / 执行器直接通过有线方式连接到 PLC 控制器，不存在无线频谱的共享竞争问题。

随着更多 M2M 传感器和执行器的无线化，相同"空域"资源（如免授权射频频段）的共享逐渐成为一个重要挑战。诸如 ZigBee 和蓝牙之类的标准协议逐步形成了对较小设备群体的支持。然而，所有此类设备主要还是为人类提供信息服务，因而通常都建立在 IP 通信协议上。当前，这些设备可用于家居音响系统或照明系统的连接，通过家居用户的计算机或智能手机进行控制，从而形成了人机回路系统。因此，人类可以使用智能手机更方便地控制周围环境，例如，远程连接到家居照明 / 供暖系统，或连接到计算机的外部键盘或耳机。

M2M 通信与自治

根据需要，更自主化的系统已逐步形成，能够支持机器到机器以及机器与周围环境之间的复杂信息交互。尽管人类处于高级控制及分析的决策圈内，设备仍然需要接管更多的控制，从而人类可以去执行其他的重要任务，或者因为人类不能够充分或及时地作出响应（参见图 7—4）。而典型的 IP 点对点通信所引入的往返时延又进一步加剧了此问题。通过控制回路解耦，这种新兴物联网在网络边缘引入快速自主决策，同时也允许在更高层进行长期趋势的分析和全局控制。

如前所述，现有传统协议当初主要考虑主机到主机或人机之间的会话，并不是为了在海量"啁啾"终端设备与大数据汇聚单元之间进行简洁（以单向传输为主）的数据交互。然而，"啁啾"协议将成为物联网 M2M 通信的主流形式。正如鸟儿不必学习一种通用语言，来通过同一种媒介（空气）进行有效交流，物联网终端设备也可以只用简单的经过分类和功能优化的"啁啾"协议，然后依靠转发节点的转换就可使用全球互联网进行通信。

　　与其每个设备都使用相同的且过于复杂的传统协议格式，倒不如由转发节点来承担为终端设备群执行解析的任务。随着信息社区在其专属领域内的智能化程度日益提升，通用的标准也渐渐变得没那么重要了。自主的本地控制环更易运作和维护，且不存在传统网络中所必需的 IP 开销及往返通信。这也成为在机器之间建立简易、专用的"啁啾"会话的另一个支撑理由。

共享词汇与事实标准

　　在 M2M 制造业应用案例中，那些专用系统通常使用非常简单的通信机制。而在新兴物联网中，数据流的发布和订阅成为主要活动，很显然其还迫切需要共享词汇的存在。"啁啾"协议是一种简单而开放的组网机制，提供了替代专有词汇的潜在规模经济效益。

　　IP 网络标准是基于更低级的路由和组网而使用的通信协议，并没有具体指明负载词汇。只要 IP 数据包报头被广泛理解，数据包负载部分就可以正确地路由到请求的目标处。数据包的负载内容到达目标地址后，接收者可对其进行解析，而其余部分主要作为路由体系结构的指示符。

　　由于很多智能体将会执行类似的任务，应用字段（如湿度传感器）内的共享组网技术及负载词汇可能产生数据的复用性。因此，诸如通用电气公司、三星公司、西门子公司和霍尼韦尔公司之类的主要 OEM 企业可能会在"啁啾"协议上进行合作，该协议将针对在第一级互操作性功能上有重叠的那些产品。

这种 OEM 之间的协作也可能会扩展至一些常用功能，主要针对驻留在转发节点内的那些发布智能体。尽管需要大量的协调合作，但毕竟可以降低系统的整体复杂度。由于类似设备的发布者和订阅者之间存在着共同利益，驻留在转发节点内的计算资源共享具有很大价值。

转发节点在靠近网络边缘的位置运作，因此使用相同的发布智能体会让事情更简单。通过类似设备的通用词汇，一种新型标准将会出现：相对于组网/路由流程而言，更注重通信状态信息。隐含协作的应用字段内可能会存在"霸权主义"。例如，同一家维修中心可能会为不同竞争品牌的各类家电（如洗衣机）或某个地方的多个不同设备提供服务，如图 8—4所示。因此，提供相同的设备诊断词汇可以简化维修人员的工作。

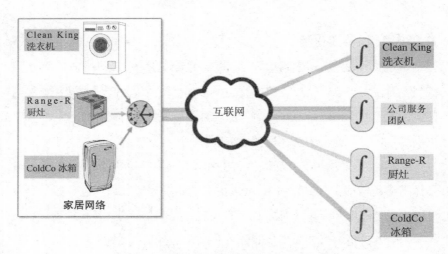

图 8—4 家居网络中的信息共享及网络协作

在边缘网络附近，复杂的分析与控制综合子系统有机而实时地发挥着重要作用。这些复杂系统都能自主地运行，而且会这样持续发展下去。人类将只在此环路中执行趋势分析或定期的优化与配置等。

终端设备即将来临

智能设备（如智能手机、家居自动化等产品）出现了爆炸式的增长趋势，因为其支撑平台既普遍又便宜。至少在发达国家，互联网连接无处不在。现成的互联网接入可以将低级的消费产品与更高端的云服务及应用连接在一起。

一种三层架构的生态系统应运而生：在顶层，基于云服务的应用可以通过互联网中间层下载到设备（计算机和智能手机），其中互联网连接是依托一个可扩展的网络支持基础设施来实现的。因此，设备能够"连接"到云端。可以想象，对于"苹果"iPod 这样的新设备，其中的繁重任务将能通过连接到云端应用的中间计算机来执行，有些任务（如智能体）也可以在本地计算机上运行。根据物联网的终端设备 / 转发节点 / 汇聚单元模型，当利用此网络架构为终端设备提供支持时，它们的规模将会快速扩展。

对于这种三层架构而言，至少三层中的其中两层必须是可用的，因为只有这样，开发第三层的成本才能变得经济可行。例如，既然 iPod 本身通信功能有限（没有 IP 协议栈），如果运行 iTunes[①] 软件的计算机不能作为中间媒介而存在，又或者全球互联网不能作为云端音乐服务的连接而存在，那么 iPod 也将不复存在。在此框架下，"终端设备"（iPod）由下载到计算机（对应物联网的转发节点）中的软件提供支持，而计算机又通过互联网连接到云端服务器（对应物联网的汇聚单元）。

---

① iTunes 是一款数字媒体播放应用程序，是供 Mac 和 PC 使用的一款免费应用软件，能管理和播放数字音乐和视频。iTunes 程序可用于管理苹果 iPod 数字媒体播放器上的内容。——译者注

OEM 杠杆效应

在传统的物联网理念中，每个节点（如终端设备、网络组件和服务器）都需要 IP 协议。然而，对于正在发展和激增的"啁啾"物联网来说，必须利用现成的元素来避免高成本、复杂度以及往返通信所消耗的时间。

OEM 制造商可能是第一个导致"啁啾"中断发生的地方。OEM 通常对提供组网基础设施并不感兴趣，但是它们的高端产品（如冰箱、电视等）正在通过 IP 实现连接。这些产品具备足够的计算能力，很有潜力充当基于"啁啾"的转发节点，从而为 OEM 的大量简易的轻量级无 IP 设备提供服务。因此，那些高成本设备将能很好地支持它们的"乡下表亲"——基于"啁啾"的简易设备。

假如一个人拥有了一台 GE 冰箱，他可能还希望购买一台 GE 烤箱，因为烤箱不需要负担自身的 IP 连接。又如，一台三星电视的存在能确保与其他使用低成本红外收发的三星设备共存，在不需要每个设备都拥有自己 IP 连接的前提下，共同构建一套家庭娱乐系统。

对于制造商和消费者来说，这种"三选二"模型是很明智的，如图8—5 所示。消费者为自己的低端设备（烤箱）及其连接所支付的费用将会更少。制造商可以利用其自身品牌提供互操作性更强的产品族，所有的这些产品都可以通过某种方式进行互联。在随后的几年里，那些产品可以通过下载软件进行更新，从而为基于"啁啾"的设备提供服务。如需要的话，OEM 制造商会在"啁啾"帧内使用私有标签和负载，从而锁定买家。当然，还存在部分或全部信息有望公之于众。

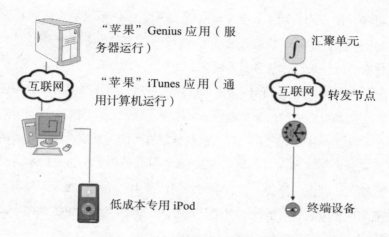

图 8—5 "三选二"模型经济可行且扩展性强

　　类似于"苹果"或"安卓"市场的应用开发社区，期望为那些新的连接设备提供新的应用程序。更智能的 IP 产品为简易的"喇啾"产品提供支持，从而形成一种生态系统。每购买一台 IP 冰箱就免费赠送一台"喇啾"烤箱，这似乎也成为明智之举，因为烤箱可受控于冰箱，成为更有用的互联设备。在这种情况下，冰箱充当了为烤箱运行应用程序的计算机，而烤箱仍然还是一个专用设备。这也能映射到 iTunes 应用上，通过这种三层生态系统中，由计算机运行 iTunes 程序，从而对上一代简易 iPod 进行管理。

共享软件及业务流程词汇

　　在开源软件的大力倡导下，Linux 已逐渐成为主流的嵌入式操作系统。当前，转发节点及发布智能体的原型验证主要基于 Linux 进行开发，未来的很多系统实现也可以效仿该模式。

　　在企业界，Java 被广泛用于开发各种应用程序，具有很强的移植性和跨平台性。Java 编程更为简洁，且面向企业业务流程的服务更为友好。原本用可视化编程语言或 Java 表达的业务流程，可以通过解析机制转换为较简单的规则，然后下载到汇聚单元或转发节点的发布智能体中。对于很多其他企业软件来说，也将成为现实。

软件即服务（SaaS）已经变成云计算的主题，而物联网所对应的应该是装载于转发节点里的一套功能单元。来自不同制造商的多个转发节点，需要连接和支持各种大数据服务，因此，很有可能包括解析机制之类的单元都将以开源形式存在。大型企业及 OEM 可能使用专用协议的自定义版本，去接入"啁啾"协议的私有字段，但这种生态系统在很大程度上也将支持通用词汇及过程。因此，无论什么品牌，同一类型的设备都能够理解某个操作的语义。

正如共享词汇的情况，采用同样的方式与大数据云服务器进行交流，必然促进通用 API 和高级控制语言的发展。从长远来看，尽管针对这些词汇可能会出现相应的标准，在共同利益和共同业务的驱使下，OEM 制造商、工作组和技术联盟仍将继续推动这种合作。

群组工作

总而言之，我们期待通过一种有机的方法来开发和部署这种新兴物联网架构。然而，某些基本的结构和用户是物联网成功的秘诀。其中，基本的"啁啾"结构尤为重要，需要物联网组织机构共同协商并定义顶层分类。主要目标是在关键参数上尽快达成一致，从而允许更多公司和组织迅速开发自己的产品。

在发展的过程中，也存在很多备选途径。蓝牙技术就是其中一个成功的模式，它最初在一家公司内部开发，然后经一些大公司联合组成蓝牙技术联盟（SIG）而得以迅速发展。然而，蓝牙技术成功的互操作性测试以及技术的采用评估，也花了很多年时间。本书作者更主张基于开源模式的快捷方法（参考基于 Linux 组网的 OpenWrt 平台）。

无论最初的开发采取哪种方式，其主要任务还是"啁啾"标签分类结构的最高层定义。预计一字节的一阶分类将能为后续的粒度增加提供足够的切入点。针对 255 个可能的终端设备分类集，面向特定行业的工作组可以进一步定义更低级的寻址粒度。根据未来的需求，"啁啾"标签能够扩展到更大规模的分类结构。

在描述了物联网的基本要素之后，将进一步提供基于早期版本的定义及参数所形成的产品；类似 IEEE 之类的一些标准机构，可能会把"啁啾"技术纳入到一个现有标准中来，并形成一个工作组或发起一个新标准。更大的玩家或 OEM 制造商将有可能进一步推动标准化的进程。

物联网设备的规模剧增将迫切需要新技术的出现，因此，我们期望用最短的时间去实现新的方法。

呼吁物联网赞助商

各种各样的组织将与新兴物联网的成功息息相关。本节将简要介绍每个赞助商所需开展的步骤。

半导体供应商

出于终端设备的成本和功耗考虑，集成电路（IC）形式的"啁啾"芯片是非常有必要的。由于"啁啾"协议需要最小的硬件和内存，这些芯片的最初版本也可能相对比较简单，随着时间推移，更高的集成度、更小的成本以及更低的功耗会随之而来。

对于转发节点而言，存在很多现成的片上系统（SoC）和系统级封装

（SiP）解决方案，可用于进行数据处理和传统网络设备的组网接口，这些方案在构建功能模块方面非常有用，另外，再结合传统专用芯片即可对设备的"啁啾"单元进行处理。对于集成了发布智能体或汇聚单元的更小封装，诸如英特尔 Quark 之类的新型紧凑器件应当是首选。汇聚单元通常在通用处理器上运行，而过滤网关可以使用现有的路由器硬件。

半导体供应商面临的主要挑战是如何尽快确定"啁啾"协议的具体参数，从而保证其快速发展。我们希望更多的半导体供应商参与早期的"啁啾"工作组和技术联盟。

家电及其他设备制造商

众多传感器、执行器和电器供应商已经将 IP 协议栈引入到更复杂的物联网产品中。对于这些产品，在 IP 负载内加载"啁啾"自分类数据格式，将其作为新兴物联网架构的一个过渡阶段，也许是软件更新的一个关键所在。然而，那些最终要连接到物联网上的绝大多数终端设备还不具备任何网络接口。

对于这些设备而言，其问题有点儿像"先有鸡还是先有蛋"的争论。终端设备不可能既成本高效又能往前推进，除非"啁啾"芯片可用于特定的应用；而半导体制造商也不可能会快速开发优化的"啁啾"芯片，除非终端设备已经开发出来。如"主要的端到端 OEM 制造商"一节所述，在端到端系统上存在既得利益的 OEM 制造商，可能会开发支持"啁啾"协议的第一代终端设备，从而有助于加快更广泛的应用部署。

从积极的方面来说，由于"啁啾"协议不需要集中授权网络地址（如以太网、802.11、蓝牙及其他网络所需的 MAC 地址），终端设备制造商将会快速、自主地推动"啁啾"技术的发展。从发布的顶层设备分类和整个"啁啾"帧结构出发，它们可以很容易地创建能与转发节点及汇聚单元相交互的终端设备。

网络设备供应商

　　既然网络设备的技术需求十分类似，如今很多主流供应商甚至可以直接切入转发节点的业务。唯一的挑战是主观因素而非技术因素，即心甘情愿地放弃所谓物联网"IPv6 无处不在"的口号。当然，对于连接海量的新设备而言，利益才是通向这种新市场的入口。"绿地投资"市场通常比发展中的大众化行业更有利可图，因此，这也为融资提供了充足的理由。

　　然而，甚至那些坚持留在 IP 阵营的供应商仍会发现，自己的产品完全可用于扩展转发节点和汇聚单元之间所需的互联网基础设施。在到达互联网之前，数据包就好比"邮船"，而物联网的"涨潮"让更多的船都浮了起来。现有的 IPv6 路由器设备也可能成为过滤网关的一个好平台，在很多情况下，唯一需要的只是配置和编程而已，而过滤网关也成为众多物联网应用中的必要组件。

家居自动化 / 娱乐设备供应商

　　以"啁啾"组网的形式扩展家居网络存在着巨大的潜力。电视机顶盒（或智能电视）已逐渐包含网络接入功能，可能成为关注的焦点。可以想象，未来的设备不仅可以通过红外接口、有线网络、无线 WiFi 等方式连接到现有家居设备，还能通过电力线、WiFi 或其他技术连接其余家居设备。另外，家居转发节点 /AP 组合体内置"啁啾"收发器，可同时支持 WiFi/IP 以及"啁啾"业务。

　　转发节点内植入了本地汇聚单元，作为"大脑"提供家庭娱乐、温度控制、安全和能源管理等功能。转发节点可以访问更多类型的设备，同时还包括天气预报和实用程序更新之类的其他数据源，因此它能对家居系统的运作进行优化，这在以前几乎是不可能的事情。与之前一些昂贵的专用解决方案不同，兼容性强的"嘲啾"产品将大大减少成本，而且允许随着时间推移而继续扩展，同时也消除了对单一供应商的产品依赖。

新标准的协作逐渐进入家庭自动化领域，对现有开源/半开源技术（如C–Bus、Insteon、KNX、X10、ZigBee 等）的集成或转换显得尤为重要，因为这关系到"嘲啾"终端设备能否为家居自动化所接受。

运营商及大数据供应商

在最基本的层面上，主要运营商根本不需要做任何事情来支持新兴物联网的业务。除了配置 IP 的转发节点之外，所有业务与其他互联网业务几乎都是相同的，也能通过骨干网基础设施进行传输。然而，对基于云服务的汇聚单元来说，还存在着巨大的机遇，到底是以简单的"保修合同"形式构建服务器，还是提供增值的分析与控制服务呢？如需要的话，分类"嘲啾"协议可以为特定的小数据流安排优选路由。

同样，如今的大数据供应商可以通过直接利用当前的设备和架构，将整合的"嘲啾"数据流集成为有用的小数据流。随着更多转发节点（包括板载发布智能体）的部署，大数据客户优化和新增服务机会也将来临。随着大数据供应商转向汇聚单元的数据分析及控制模式，它们将能够"偏置"分布式发布智能体（参见第 5 章），从而允许独立的本地控制环实现自主功能，同时还能调整需要转发数据的类型、数量和频率等参数。

主要的端到端 OEM 制造商

如前所述，在"嘲啾"物联网实施的过程中，大型 OEM 制造商的具体行动是避免标准化周期过长的一种方式。许多 OEM 制造商已经提交了相关解决方案，包括从边缘企业或家庭一直到大型集中式组织机构。在很多应用中，这些 OEM 制造商使用全球互联网所扩展的 IP 网络来访问远程终端设备，其中 IP 负载内的数据结构可能是专用的。然而，新的"啁啾"物联网架构将在以下两个方面对这些 OEM 制造商有利。

首先，最为显著的是"啁啾"终端设备比 IP 设备成本（用于处理、存储、功耗和管理等）更低。成本的降低必然使得更多类型的设备可以进入网络中来，这些设备可以通过 OEM 系统进行监控。因此，低端设备与通用竞争者之间的距离和区别也进一步扩大。

第二个优势专门针对物联网独有的自分类"啁啾"业务特性：能够寻找非专有数据流，并将其引入到某个信息社区中，从而为 OEM 客户提供增值服务。例如，某全球 OEM 制造商向印度交付了一套大型的机器人精密装备系统，正如在世界其他地方所做的一样，他们可以精确地对机器进行配置，然而，系统性能却因频繁的故障而变得很差。

最终，现场工程师意识到较高的环境温度造成了低黏度润滑剂的恶化，因此需要制造商调整冷却剂的温度指标。当替换了更适合该环境的新型润滑剂之后，设备就能稳定地运转了。早期的时候，这种故障只能依靠现场人员进行观察和分析。

然而，在新兴物联网世界中，OEM 制造商能从设备周围的传感器中提取"啁啾"数据流，通过传感器所提供的温度、湿度及其他参数，即可远程协助设备的故障诊断。既然采用了自分类"啁啾"协议，任何人都可以安装这些传感器，并不一定非要 OEM 制造商来安装。

结合 OEM 设备所产生的数据，一些意外的和事先未知的数据源也能充分加以利用，从而为终端用户提供更好的体验（参见图 7—3）。

全球的、海量的、自适应的新视野

正如过去的很多建议，物联网在理论上当然有可能继续保持传统的 IPv6 协议。但考虑到本书所阐述的所有因素，这种方式将会遏制物联网空前的潜力。由于范围之大且成本之高，传统协议将无法满足物联网的需求。推迟部署新架构并不能解决问题，因为它永远也不可能迎头赶上。

无论对于传统应用还是创新应用，本书所提出的新兴物联网架构，主要用于管理海量终端设备所产生的"海啸"般的数据流。边缘网络轻量级的自识别协议、分布式组网智能体，以及学习型分析与控制功能，将为物联网的明天带来希望之光。这种新的架构并不仅仅在于访问海量的终端设备，它还能促使设备提供必要的信息，从而用于互联网演变最终阶段的控制、效率以及新知储备。

北京阅想时代文化发展有限责任公司为中国人民大学出版社有限公司下属的商业新知事业部，致力于经管类优秀出版物（外版书为主）的策划及出版，主要涉及经济管理、金融、投资理财、心理学、成功励志、生活等出版领域，下设"阅想·商业"、"阅想·财富"、"阅想·新知"、"阅想·心理"、"阅想·生活"以及"阅想·人文"等多条产品线。致力于为国内商业人士提供涵盖先进、前沿的管理理念和思想的专业类图书和趋势类图书，同时也为满足商业人士的内心诉求，打造一系列提倡心理和生活健康的心理学图书和生活管理类图书。

阅想·商业

《共享经济商业模式：重新定义商业的未来》

· 欧洲最大的共享企业 JustPark 创始人倾情写作、国内外共享企业大咖联袂推荐；
· 首次从共享经济各个层面的参与者角度、全方位深度解析人人参与的协同消费，探究共享经济商业模式发展历程及未来走向。

《指尖上的场景革命：打造移动终端的极致体验感》

（"商业与大数据"系列）

· 中国移动研究院徐荣博士领衔翻译；
· 第一本打造移动终端场景体验感的权威落地书；
· 全景诠释追求极致体验感的发展思路，助力企业实现移动场景时代的战略转型。

《德国制造：国家品牌战略启示录》

· 赛迪研究院专家组倾情翻译，工业 4.0 研究院院长兼首席经济学家胡权、工业 4.0 俱乐部秘书长杜玉河、工信部国际经济技术合作中心电子商务研究所所长王喜文联袂推荐；
· 从冠军品牌、超级明星品牌再到隐形冠军品牌，以广阔而迷人的视角，深度解析德国制造究竟好在哪里。

《大数据经济新常态：如何在数据生态圈中实现共赢》

（"商业与大数据"系列）

- 一本发展中国特色的经济新常态的实践指南；
- 客户关系管理和市场情报领域的专家、埃默里大学教授倾情撰写；
- 中国经济再次站到了升级之路的十字路口，数据经济无疑是挖掘中国新常态经济潜能，实现经济升级与传统企业转型的关键；
- 本书适合分析师，企业高管、市场营销专家、咨询顾问以及所有对大数据感兴趣的人阅读。

《大数据供应链：构建工业 4.0 时代智能物流新模式》

（"商业与大数据"系列）

- 一本大数据供应链落地之道的著作；
- 国际供应链管理专家娜达·桑德斯博士聚焦传统供应链模式向大数据转型，助力工业 4.0 时代智能供应链构建；
- 未来的竞争的核心将是争夺数据源、分析数据能力的竞争，而未来的供应链管理将赢在大数据。

《大数据产业革命：重构 DT 时代的企业数据解决方案》（"商业与大数据"系列）

- IBM 集团副总裁、大数据业务掌门人亲自执笔的大数据产业宏篇巨著；
- 倾注了 IT 百年企业 IBM 对数据的精准认识与深刻洞悉；
- 助力企业从 IT 时代向 DT 时代成功升级转型；
- 互联网专家、大数据领域专业人士联袂推荐。

图书在版编目（CIP）数据

重构物联网的未来：探索智联万物新模式 /（美）达科斯塔（Dacosta，F.）著；周毅译 .—北京：中国人民大学出版社，2016.2
书名原文：Rethinking the Internet of Things: A Scalable Approach to Connecting Everything

ISBN 978-7-300-22506-7

Ⅰ .①重… Ⅱ .①达… ②周… Ⅲ .①互联网络—应用 ②智能技术—应用
Ⅳ .① TP393.4 ② TP18

中国版本图书馆 CIP 数据核字 (2016) 第 032475 号

重构物联网的未来：探索智联万物新模式
（美）弗朗西斯·达科斯塔　著
周　毅　译
Chonggou Wulianwang de Weilai：Tansuo Zhilian Wanwu Xinmoshi

出版发行	中国人民大学出版社		
社　　址	北京中关村大街 31 号	邮政编码　100080	
电　　话	010-62511242（总编室）	010-62511770（质管部）	
	010-82501766（邮购部）	010-62514148（门市部）	
	010-62515195（发行公司）	010-62515275（盗版举报）	
网　　址	http://www.crup.com.cn		
	http://www.ttrnet.com（人大教研网）		
经　　销	新华书店		
印　　刷	北京中印联印务有限公司		
规　　格	170mm×230mm　16 开本	版　次	2016 年 3 月第 1 版
印　　张	15.25 插页 1	印　次	2018 年 5 月第 4 次印刷
字　　数	181 000	定　价	49.00 元